A reinvenção do espaço
Diálogos em torno da construção do significado de uma categoria

FUNDAÇÃO EDITORA DA UNESP

Presidente do Conselho Curador
Herman Jacobus Cornelis Voorwald

Diretor-Presidente
José Castilho Marques Neto

Editor-Executivo
Jézio Hernani Bomfim Gutierre

Conselho Editorial Acadêmico
Alberto Tsuyoshi Ikeda
Célia Aparecida Ferreira Tolentino
Eda Maria Góes
Elisabeth Criscuolo Urbinati
Ildeberto Muniz de Almeida
Luiz Gonzaga Marchezan
Nilson Ghirardello
Paulo César Corrêa Borges
Sérgio Vicente Motta
Vicente Pleitez

Editores-Assistentes
Anderson Nobara
Henrique Zanardi
Jorge Pereira Filho

A reinvenção do espaço

Diálogos em torno da construção do significado de uma categoria

Douglas Santos

© 2002 Editora UNESP

Direitos de publicação reservados à

Fundação Editora da Unesp (FEU)
Praça da Sé, 108
01001-900 – São Paulo – SP
Tel.: (0xx11) 3242-7171
Fax: (0xx11) 3242-7172
www.editoraunesp.com.br
www.livrariaunesp.com.br
feu@editora.unesp.br

Dados Internacionais de Catalogação na Publicação (CIP)
(Câmara Brasileira do Livro, SP, Brasil)

    Santos, Douglas
        A reivenção do espaço: diálogos em torno da construção do significado de uma categoria / Douglas Santos. – São Paulo: Editora UNESP, 2002.

        Bibliografia
        ISBN 85-7139-393-1

        1. Espaço e tempo 2. Geografia – Filosofia 3. Geografia – História I. Título.

02-1327   CDD-910.01

Índice para catálogo sistemático
1. Espaço: Geografia: Teoria   910.01

Editora afiliada:

Agradecimentos

Creio que a maior surpresa que a elaboração deste texto me proporcionou foi relembrar que, na verdade, ele começou a ser construído ainda na minha infância. Lendo-o, pouco antes de sua defesa pública, lembrei-me de que o fascínio pela ciência, sua história e seus significados nasceu quando, aos dez anos de idade, li o *História das invenções* de Monteiro Lobato – texto que me permitiu proferir minhas primeiras conferências no Anfiteatro do Instituto de Educação Carlos Gomes, em Campinas, a convite de meu professor de Ciências (cujo nome não me recordo). Tratou-se, portanto, de um longo e ziguezagueante percurso, o qual, espero, não tenha ainda se encerrado.

Infelizmente, não será possível lembrar-me de todos aqueles que, de uma maneira ou de outra, foram participando dessa construção. O que posso afirmar é que ela é o resultado parcial de uma leitura pessoal das opiniões de muitos companheiros de jornada. A todos eles agradeço (mesmo àqueles que, por um motivo ou por outro, discordam – ou discordaram – profundamente de minhas posições).

Nessa lista estão Ruy Moreira, Diamantino Pereira, Marcos de Carvalho, Elvio Martins, Jorge Barcelos, João de Castro, Ariovaldo Umbelino, Gil Sodero, Bia Pontes, Antonio Thomaz Jr. e Milton Santos. O profundo diálogo com esses geógrafos foi, sem dúvida, definitivo no amadurecimento de meus posicionamentos.

Há, ainda, pessoas que participaram diretamente da elaboração do texto e a elas devo a dedicação e o carinho com que me ajudaram a chegar ao final deste trabalho: Helena Sobral, por ter assumido o risco de ser minha orientadora de doutorado e, durante dois anos, ter se tornado a leitora atenta e questionadora do resultado de minhas reflexões; Maria Elena Simielli, por ter suportado minhas impertinências em relação à cartografia e, mesmo assim, ter me disponibilizado materiais que foram definitivos para o resultado final deste trabalho e, depois de tudo isso, ainda ter me dado a honra de participar da banca que me arguiu; Maura Pardine e Lúcia Bógus, por, igualmente, ter me dado a honra de participar da mesma banca; Milton Santos, que, quando convidado a me arguir, disse-me que ficaria muito "feliz e honrado em participar de minha festa"; Christine, pelo seu esforço na tradução do intrincado texto de Kant; Conselho de Ensino e Pesquisa da Pontifícia Universidade Católica de São Paulo, por me haver agraciado com uma bolsa de aperfeiçoamento durante, pelo menos, dois anos.

A todos a quem agradeço, igualmente dedico este meu livro. Mas há ainda aqueles para quem este trabalho foi feito, sendo que, para alguns, o objetivo foi mostrar que procurei responder ao carinho que me dedicam (ou dedicaram); a outros, para mostrar o papel de um certo tipo de obstinação; há, ainda, aqueles para quem escrevi para ser lido e, assim, pudéssemos continuar nossos debates.

No primeiro grupo, coloco Antonio (que nem mesmo chegou a ver a escrituração das primeiras linhas), Zuleika (que viu a arguição mas não verá o livro publicado), Jandira (que festejou o resultado sem mesmo compreender seu significado), Marcos e Nádia (que, assim como os demais, participaram na construção das raízes desse processo).

No segundo grupo, coloco a Conceição, o Alexandre e o Leandro.

Por fim, na medida em que um texto só se realiza de fato no momento da leitura, dedico-o aos meus alunos e a todos aqueles que quiserem participar deste debate.

São Paulo, no dia que meu pai faria aniversário se seu pulsar tivesse continuado a me agraciar com sua presença.

18 de março de 2002

Sumário

Prefácio
A invenção da modernidade   9

Introdução   13
   Para onde não iremos   14
   Os termos do problema   15
   A metafísica em questão   18
   A geografia   22
   A delimitação do tema   26

1 O fim do feudalismo e o nascimento do espaço métrico   33
   1.1 A geometria projetiva: uma nova definição de localização   42
   1.2 A música polifônica e a marcação métrica do tempo   47

2 A Carta-Portulano – o mundo e a distância entre os lugares   51
   2.1 As cartas-portulano   51
   2.2 O mapa de Toscanelli – o exemplo, a fantasia, a reflexão   54
   2.3 Nicolau de Cusa: enfim, a Terra se movimenta   58
   2.4 Mapas, cartas, tratados, poemas e crônicas: a conquista dos novos territórios e suas novas leituras   64

3 O maravilhamento do novo   77
   3.1 Introdução   77

3.2 A nova geometria e o mapa de Mercator – as direções de um planeta em movimento 78

3.3 Maquiavel: espaço, geometria, fronteira 79

3.4 Giordano Bruno: do infinito ao absoluto 83

3.5 Copérnico: matemática, geometria e os desígnios de Deus 91

3.6 De volta a Mercator 105

3.7 Mais alguns "ângulos" sobre o problema da projeção 110

4 Para se fazer do mundo uma grande Europa 117

4.1 Introdução 117

4.2 Kepler: espaço, linguagem, movimento 121

4.3 Galileu – o jogo escalar da nova espacialidade 125

4.4 Descartes e a luta entre o como e o porquê 139

5 Localizar, identificar, pressupor 155

5.1 As longitudes 155

5.2 "God said 'let Newton be' and all was light" 161

5.3 Kant: o puro e o prático (impuro?) 174

5.4 Considerações finais 185

Bibliografia consultada 189

Anexo de figuras 195

Prefácio

A invenção da modernidade

Pode parecer estranho a alguns que se possa ver o espaço como uma invenção. Kant viu-o como um dado da percepção. E pouco faltaria para da percepção saltar-se para o imaginário, e, daí, para a transformação do imaginário em realidade concreta através das práticas técnicas.

A percepção moderna do espaço nasce na esfera da pintura, fruto da invenção da técnica da perspectiva e do ponto de fuga. E nasce colada à geometrização da confecção do quadro, através do artifício de uma tela de quadrículas interposta entre o modelo e a tela orientando a transposição e a simetria da pintura.

Geometria de massas, formas e linhas dispostas num arranjo de localização, distribuição e demarcação de limites precisos da paisagem reproduzida, essa ideia do espaço migra da pintura para a cartografia, porta de entrada e ponto de partida para o ilimitado do imaginário. O sistema da pintura por quadrícula transpõe-se da tela para o papel do mapa, através do quadriculado das coordenadas geográficas, as massas, formas, linhas e limites aqui ganhando a precisão dos corpos da superfície terrestre.

Dois desdobramentos materializam esse imaginário na mente e na cultura dos povos modernos, introjetado nelas como um *corpus* de valor universal: o sistema heliocêntrico e as grandes navegações e descobertas. O sistema heliocêntrico leva o imaginário espacial para os céus e dá nascimento à Astronomia e à Física, saberes científicos que validam o espaço-geometria como ordem natural do universo, arquitetura do Cosmos e o mundo visto como modelo físico-matemático. É o espaço isotrópico, infinito e vazio. E as grandes navegações e descobertas trazem-no para o chão da esfera terrestre, preenchem de substância humana seu receptáculo oco e anunciam a construção técnica das grandes arrumações geográficas das sociedades modernas por vir.

Céu e Terra se encontram, assim, nas coordenadas geográficas, na constelação infinita dos lugares, no traçado dos fusos horários, na representação das massas de terras e águas dos continentes e oceanos. O mapa de Mercator em tudo parece a pré-tela dos pintores clássicos: a mesma quadrícula, a mesma modelização geométrica, o mesmo hábito do olhar espacial em perspectiva sobre o mundo.

A viagem de circunavegação de Magalhães é o equivalente terrestre da teoria celeste de Copérnico, unidas na constituição perceptiva do conceito do espaço moderno. Viagem pelos astros do Cosmos, uma. Viagem pelas terras e mares da superfície terrestre, outra. Espacialidades. Espaços. A observação é de Reclus.

É essa aventura do espírito feito realidade empírica na construção geográfica das sociedades modernas que o leitor vai encontrar neste livro de Douglas Santos. Tese de doutoramento defendida em 1997 no Programa de Pós-Graduação em Ciências Sociais da PUC-SP. Uma obra de geógrafo.

A ideia moderna de espaço evolui desde o berço na arte medieval da baixa Idade Média até a física moderna de Newton e a filosofia iluminista de Kant. Uma trajetória contada através das formas no tempo das cartas e mapas.

Seu passeio intermediário por Maquiavel, Descartes e Mercator, numa reunião de pensadores e temas de pensamento tão díspares – ou que assim até agora nos parecera –, desemboca neste livro na tarefa comum da invenção moderna do espaço por artistas, pensadores, cientistas, geógrafos e filósofos.

Poucos autores correm esse risco, pois que poderia haver de comum entre pensadores políticos, filósofos e geógrafos? E quem pensaria fazê-los gravitar ao redor da constituição de um tema aparentemente tão terra a terra como o espaço geográfico?

E, no entanto, vários arriscaram-se a fazê-lo no tocante à constituição da ideia moderna do tempo. O que põe Douglas Santos na senda aberta por Alexandre Koyré (a ideia moderna da natureza), Norbert Elias (a ideia moderna de tempo) ou pelos historiadores das mentalidades (a ideia da invenção da Europa, das Américas ou do Oriente – invenções de tempo--espaço – como um ato *sine qua non* da invenção da modernidade), adicionando à invenção da natureza, do tempo e do evento a invenção do espaço.

O hiato da reflexão sobre o espaço, que até agora se observara, no debate de uma modernidade sobretudo espacialmente inventada, fica preenchido com a entrada deste livro.

Douglas nisso não está sozinho. Vejam-se as reflexões críticas de Edward Soja, ancorado em Foucault e Lefebvre, sobre o silêncio ao espaço, cúmplice da prerrogativa estabelecida pelo historicismo para o tempo na teoria social moderna. As denúncias de Yves Lacoste sobre o uso do espaço pelos estados maiores do Estado e das Empresas nas projeções de suas geopolíticas num contexto de relações internacionais aceleradamente mundializadas. As teorizações de David Harvey a respeito dos efeitos da compressão espacial sobre a cultura e a política no limiar da transição pós-moderna. Ou as investigações de Milton Santos sobre a requalificação das relações humanas diante da empiricização do tempo pela construção técnica dos espaços nessa quadra das sociedades globalizadas. Todos indicativos do intenso esforço intelectual dos geógrafos frente ao tema do espaço.

Esforço adicional de Douglas Santos é a inclusão de Kant nesse rol dos inventores do espaço moderno. Já se acusou a geografia até há pouco hegemônica de tradicional e positivista. Confundimos Kant com Comte. Foi preciso a intervenção de Hartshorne para que a presença seminal de Kant ficasse estabelecida, Comte aparecendo como uma coisa de franceses. A presença de Kant na constituição da ideia moderna de espaço e a fonte de sua referência nos quarenta anos de ensino de geografia física (o mundo do sensível, não o da empiricidade dos objetos e coisas naturais da ideia da natureza como coisa física que só com o capitalismo avançado da segunda revolução industrial viria a se estabelecer) na Universidade de Heidelberg é retomada no livro, fundindo renovadoramente o debate epistemológico com o debate da origem da ideia moderna do espaço. Bingo!

Ruy Moreira

Introdução

> Segundo a proposição dialética, que aqui é parte substancial do pensamento, a verdade (se é que existe verdade), não se encontra no início mas, sim, no final do trajeto. Não se começa nem por evidências nem por axiomas, mas sim por proposições no sentido amplo. A distinção mesma entre o verdadeiro e o falso não se coloca no princípio. O pensamento avança, descobre ao andar e se descobre ao avançar. O *incipt* tem algo de arbitrário. O importante é começar.
>
> (Lefebvre, 1983, p.27)[1]

O ponto de partida de toda essa reflexão é a geografia. Discutir a geografia, no entanto, não pode ser uma tarefa que se realize sem cuidados. Há que pensar, primeiramente, nos caminhos a serem percorridos (já que fica impossível discuti-la em sua totalidade e desordenadamente), no alvo que se pretende atingir, no debate enfim que se pretende travar. Na sequência (sem que aqui se façam apologias em torno da temporalidade), há que escolher os debatedores, mergulhar-se furtivamente em seus domínios e, num rápido salto, convidá-los para passear por entre as nossas ideias, tendo a nós mesmos como guias. Como se vê, não se quer perder!

As regras do jogo, no entanto, exigem um posicionamento do desafiante e, no presente caso, o que se põe em realce é um certo tipo de

---

1 Os textos em língua estrangeira, com exceção dos em alemão, foram traduzidos pelo autor e receberão a indicação T. A. (Tradução do Autor) nas próximas ocorrências.

aviso prévio, no qual se deve distinguir o que se quer, para que se quer e de quem se quer. Esse é o papel da introdução e vamos a ela, portanto.

Denominei este trabalho, no seu subtítulo, de "Diálogos em torno da construção do significado de uma categoria". É o que proponho aqui: dialogar com quem fala sobre assuntos que me interessam. Proponho um diálogo tenso, forjado por entre os desvios e subentendidos que, no meu entender, perpassam o discurso geográfico (mesmo, como veremos, tratando-se de um discurso que, nem sempre, foi forjado por geógrafos), delimitam suas perspectivas, definem, enfim, o profundo abismo entre o que se diz que se quer, o que se quer e o que se faz.

Uma tarefa desse tipo exige, num primeiro momento, um certo tipo de desmontagem – algo que se aproxima da criação de um verdadeiro escândalo –, que, sem distinguir o que se considera certo ou errado, deve vir ao chão, dar mostras de caoticidade, referenciar-se num certo tipo de sem-cerimônia que beira os limites da pura ironia. O segundo momento é o da remontagem (reconstrução?), viável somente na medida em que se torne possível retirar da própria tradição (e de sua crítica) os parâmetros que redimensionem os limites entre o saber/não saber da geografia. É necessário deixar claro que o "segundo momento" é uma tarefa ainda a realizar.

No caso desta introdução, o que espero é, exclusivamente, deixar claros os termos do debate e os caminhos que me parecem suficientemente seguros para que o trabalho tenha um começo, um meio e, no mínimo, aponte para um fim. Trata-se, portanto, de um "roteiro de viagem", e não da "viagem" propriamente dita, e, nesse sentido, a radicalidade da linguagem não é mais que a perplexidade inerente (no meu entender) à temática.

Para onde não iremos

Antes, porém, é necessária uma delimitação pelo ponto de vista da negatividade. O desenvolvimento do presente trabalho coloca-nos, a cada momento, diante da tarefa de eliminar trilhas, desdenhar percursos demasiadamente sinuosos, impedir que nosso olhar se perca em horizontes fascinantes mesmo que (e, talvez, justamente porque) longínquos, já que tais "tentações" nos levam a opções de cunho enciclopédico, tentar superar dificuldades que, individualmente, estão além de nossas condições.

A reinvenção do espaço

Somente a título de exemplo, valeria realçar aqui as contribuições dos árabes e chineses na constituição tanto do nosso[2] pensamento científico quanto da nossa capacidade técnica.

São muito bem conhecidas as profundas consequências das viagens de Marco Polo, bem como do desenvolvimento da linguagem matemática entre os árabes, na formação do pensamento da Europa Ocidental. O mesmo poderíamos afirmar em relação ao desenvolvimento da linguagem cartográfica.

Sabemos, ainda, que a álgebra nasce no século IX entre os árabes[3] e, com isso, nascem as próprias condições para o desenvolvimento da geometria analítica. Focalizaremos, no entanto, o pensamento cartesiano, que só se expressará no século XVI.

Os árabes anteciparam-se aos europeus também na cartografia, nos instrumentos de navegação, na medicina e em tantos outros campos que sua simples enumeração seria, aqui, difícil. Para os moldes da discussão que aqui proponho desenvolver, no entanto, a inserção desse fascinante horizonte de análise está além de minhas preocupações efetivas.

Para uma sociedade que lê a si mesma como uma síntese da tradição grega, romana, judaica e cristã (na medida em que cristianismo já é, em si mesmo, uma síntese específica das três referências anteriores), o que me chamou atenção neste trabalho foi, justamente, essa identidade. Em outras palavras, muito do que se cantou como novidade absoluta e resultante da genialidade da Europa, hoje sabemos tratar-se de conhecimento mais que consolidado em outras culturas. Não nos interessarão, no entanto, tais identificações, pois, de uma maneira ou de outra, será o que pensamos de nós mesmos o recurso cultural efetivo do desvendamento de nossa identidade.

Os termos do problema

Espaço. Finito ou infinito, relativo ou absoluto, receptáculo ou, simplesmente, um "invólucro" dos objetos, o uso de tal categoria é, sem

---

2 O "nosso" aqui tem uma identidade clara: trata-se da tradição intelectual do Ocidente – ou da Europa Ocidental e suas reproduções de cunho planetário, como entre os brasileiros.

3 Sobre o assunto, ver o artigo de Roshid Rashed (1995).

dúvida, e em nossos dias, praticamente obrigatório em qualquer tipo de debate acadêmico.

Da psicanálise à sociologia, da antropologia cultural à química, da historiografia à semiologia, permeadas todas pela mídia e pelas conversas do cotidiano, usa-se a categoria sem que, para tanto, possamos dizer que tal "ampliação funcional" tenha sido acompanhada de uma construção conceitual suficientemente capaz de embasar tão amplo conjunto de necessidades e interesses. Para uma situação como essa, Hegel observa, logo na introdução da *Fenomenologia do espírito*, que:

> Melhor seria rejeitar tudo isso como representações contingentes e arbitrárias; e como engano o uso – a isso único – de termos como o absoluto, o conhecer, e também o objetivo e o subjetivo e inúmeros outros [aos quais acrescento aqui "espaço"] cuja significação é dada como geralmente conhecida. Com efeito, dando a entender, de um lado, que sua significação é universalmente conhecida, e, de outro lado, que se possui até mesmo o seu conceito, parece antes um esquivar-se à tarefa principal que é fornecer o conceito. (Hegel, 1992, p.65)

Concordar com Hegel coloca o primeiro dilema substantivo deste trabalho, na medida em que obriga um certo tipo de caminhar: a denúncia à "significação dada como geralmente conhecida" no esforço constante da construção conceitual, o que, como já expus, deve se dar na tensão dialógica, no confronto entre o dado e, na busca de sua preservação, o desvendamento daquilo que ele não realiza. O que é Espaço? E, por decorrência, o que é Espaço Geográfico?

Vale lembrar a observação de Burtt (1991, p.11) de que, diferentemente da filosofia feudal, na qual categorias como "substância, essência, forma, qualidade e quantidade" estavam no centro das preocupações, em nossos dias o debate centra-se em torno de outras questões, tais como "tempo, *espaço*, massa, energia e outras mais" (grifo meu).

Acontece, porém, que expressões como espaço urbano, espaço mental, espaço político, espaço social, espaço sideral,[4] só para ficarmos em

---

4 "A crítica relativística do Espaço e do Tempo mostrou como as categorias que pareciam as mais evidentes, a ponto de corresponder a formas a *priori* da sensibilidade, não escapam mais que as outras às rediscussões." (Paty, 1995, p.22)

alguns poucos exemplos, possuem uma dificuldade comum: apesar de a adjetivação obrigar-nos a inferir diferentes conotações ao adjetivado, fica praticamente impossível afirmarmos que estamos nos referindo a um único e mesmo substantivo. Resultado: tornou-se mais um problema que uma solução o uso da categoria, já que, em si e para si, ela parece não resguardar qualquer tipo de conceito mais perene, que nos permita usá-la com tranquilidade e com um mínimo de certeza de sermos entendidos.

O problema, por sua vez, beira os limites da própria história do conhecimento – e de certa forma a acompanha. Por se tratar de uma categoria que hoje transita pelos diversos ramos do conhecimento científico e reverberar no interior da linguagem do senso comum – quase acompanhando a difusão da categoria natureza –, a discussão em torno da necessidade de se apurar, da forma mais criteriosa possível, o significado (ou os significados potenciais) da categoria espaço tornou-se uma tarefa premente.

Se é possível considerar-se que tanto para a física quanto para a geografia (Corrêa, 1995) a noção de espaço ultrapassa os limites da identificação do objeto e coloca-se como uma espécie de identidade epistêmica, é fato, também, que tanto uma quanto a outra (ou, talvez, a maioria dos físicos e dos geógrafos) está, no entanto, mais preocupada em descrevê-lo que, propriamente, em conceituá-lo.[5]

Para tanto, os caminhos são, sem dúvida, tortuosos e o ponto central do problema resume-se ao fato de que espaço, da forma como a ele estamos acostumados a nos referir, simplesmente não existe já que a categoria espaço tem se mostrado muito mais uma categoria da metafísica que da física (*physis*) propriamente dita.

Nada disso constituiria um problema não fosse um outro fato: torna-se cada vez mais difícil a construção da rede categorial necessária ao desenvolvimento do conhecimento geográfico, especialmente quando se observa um amplo movimento de requestionamento dos paradigmas que – mesmo tão jovens[6] – já se mostram esclerosados, ou, ainda, quando a cate-

---

5 Milton Santos é, sem dúvida, uma exceção à regra, mas as dificuldades de seu texto *A Natureza do Espaço* (1996) – no qual a tentativa de conceituar espaço já se expressa no próprio título – são materiais mais que suficientes para que tenhamos de nos deter em torno dos problemas gerados pela reflexão de caráter metafísico.

6 "Afinal, como é curiosa a maneira pela qual nós, modernos, pensamos a respeito de nosso mundo! E como é nova, também. A cosmologia subjacente a nossos processos mentais tem

goria central de uma ciência ainda transita com tanta facilidade no terreno da metafísica. É, justamente, do esclarecimento dessa questão que poderei evidenciar melhor a importância do tema que pretendo desenvolver.

Esta introdução deve, portanto, percorrer três caminhos aparentemente distintos, cujo objetivo fundamental é esclarecer os pontos de partida de toda a reflexão que virá a seguir:

- Num primeiro momento é necessário desenvolver meu entendimento em torno do significado de *metafísica*. A literatura disponível sobre essa categoria dá margens a interpretações diversas, e dificilmente conseguiremos avançar sem que se esclareça, minimamente, a referência do próprio autor.
- O segundo momento deve se referir, diretamente, ao corte epistêmico em torno do qual farei a leitura geral (o jogo dialógico) que fundamenta todo esse exercício. Não basta afirmar que, no meu entender, "Espaço, da forma como normalmente a ele nos referimos, simplesmente não existe"; tal afirmação é temerária se a maneira de percorrer os caminhos que constroem uma afirmação desse tipo não for esclarecida.
- O terceiro momento é o que delimita toda a discussão, dando-lhe algum tipo de periodização que permita eliminar o risco de buscar a construção de um texto desordenado ou com tantos detalhes que se torne inviável. Nesse terceiro momento há que evidenciar os paradigmas fundamentais que estarão dando sentido (além do próprio método) a toda a leitura.

A metafísica em questão

> *Por definição, designaremos como "metafísicas" as doutrinas que isolam e separam o que é dado efetivamente como ligado.*
>
> ...

---

apenas três séculos de idade – uma simples criança na história do pensamento – e, no entanto, nos apegamos a ela com o mesmo zelo intranquilo com que um jovem pai afaga seu bebê recém-nascido. Tal como ele, somos bastante ignorantes a respeito de sua natureza precisa; contudo, tal como ele, acreditamos candidamente que ela nos pertence e permitimos que ela exerça um controle sutil, abrangente e sem restrições sobre nosso pensamento" (Burtt, 1991, p.9).

> ... todo idealismo é metafísica. (*A recíproca não é verdadeira: muitas metafísicas são idealistas, mas existem outras doutrinas metafísicas não idealistas, ou seja, certos tipos de materialismo.*)
>
> (Lefebvre, 1979, p.50-4, grifo meu)

Esta é, sem dúvida, uma entre outras perspectivas para o entendimento do significado de metafísica. Para Lefebvre trata-se de um movimento específico do pensamento, capaz de dividir o indivisível, separar o inseparável, num primeiro momento em nome mesmo do conhecimento, num segundo, rejeitando-se a justificativa e reificando-se a resultante como um novo dado do real.[7] (Valeria a pena afirmar que, num terceiro momento, a ideia novamente desaparece em nome de um certo tipo de naturalidade, na qual os céticos se deleitam em manipular o discurso em detrimento de suas próprias origens?)

Considerar a categoria espaço como uma das pilastras fundamentais do pensamento metafísico fica, neste texto, muito além da necessidade de colocá-la em confronto, pura e simplesmente, com o idealismo. Trata-se, na verdade, de deslocá-la para o campo da discussão possível, isto é, desnudá-la de qualquer caráter de imanência para poder discuti-la no movimento mesmo que a cria: as relações sociais que, na busca incessante de superação de suas próprias dificuldades, criam e recriam suas leituras de mundo – e, portanto, as categorias e seus significados – sem, jamais, transpor o limite de materialidade dado pelas relações em si mesmas.

A crítica ao pensamento metafísico, por sua vez, tem se confrontado, na maioria das vezes, com as condicionantes da construção discursiva. Muito já se discutiu sobre a diferença entre a sensação e o discurso e as dificuldades impostas por este último, especialmente no que se refere ao fato de que o simples entendimento da denominação do fenomênico não resolve os problemas vinculados a sua explicitação (A = A é tau-

---

7 Mais adiante terei a oportunidade (necessidade?) de discutir alguns dos discursos que influencia(ra)m profundamente a construção do discurso geográfico e, dentre eles, teremos a reflexão matemática como uma das mais importantes. Vale, portanto, posicionar-me de imediato quanto à questão citando Rambaldi (1988, p.15): "Quando ao longo da história se discutiu sobre uma matemática em si, o discurso sobre o caráter não humano, absoluto de uma matemática 'divina' (por exemplo, em Galileu, Laplace, Leibniz) era afinal sempre um modo para aprofundar criticamente a matemática real, ou seja, a 'humana' e, ao mesmo tempo, para conferir dignidade e necessidade universal ao nosso conhecimento quantitativo da natureza e, mais largamente, ao conhecimento humano".

tológico). Sabemos que "um símbolo é apenas um símbolo. *A palavra 'água' não é molhada e não corre*" (Szamosi, 1988, p.11), mas as relações criadas pelos seres humanos (em todas as dimensões e escalas possíveis) são mediadas pelo simbólico. Se há uma profunda diferença entre o ato e seu discurso (já que o discurso é um outro ato, completamente diferente do ato a que ele se refere), tal dicotomização pode nos impedir de entender que tanto o ato está inserido no discurso como o discurso torna-se impossível fora do ato e, assim, as diferentes realidades fenomênicas de um e outro só serão entendidas se levarmos em consideração a relação de "hegemonias" dos determinantes que definem a diferença entre os dois.

É com tal perspectiva que advogo a tese de que a atitude científica construída no Ocidente fundamenta-se em dois cortes epistemológicos concomitantes.

O primeiro, fundamentado na observação da diferencialidade dos fenômenos, acontece no plano do objeto quando, recolhendo fragmentos do interior da totalidade, transforma-os em seres em si, sem se dar conta (como já insistia Hegel em sua *Fenomenologia*) que a própria linguagem usada para identificar "um" fenômeno já é identidade evocativa de um jogo de semelhantes.[8] Trata-se, portanto, de um "corte do objeto".

O segundo, fundamentado na construção da própria linguagem científica e, portanto, no conjunto de preocupações que levam o sujeito a se relacionar de forma sistemática com o objeto, identifico aqui como "corte da razão": trata-se da busca de resposta(s) a uma (ou mais) pergunta(s) dada(s), que tem proporcionado a possibilidade de criar-se um amplo conjunto de "estatutos" científicos denominados como ciências particulares. É nesse campo que encontraremos a lista quase inesgotável de ciências, tais como a geografia, a física e todos os demais discursos sistemáticos.

---

8 Vale, aqui, retomarmos algumas reflexões de Hegel na sua *Fenomenologia do espírito*: "Com efeito, a Coisa mesma não se esgota em seu fim, mas em sua atualização; nem o resultado é o todo efetivo, mas sim o resultado junto com o seu vir a ser...
Essa preocupação com o fim ou os resultados, como também com as diversidades e apreciações dos mesmos, é, pois, uma tarefa mais fácil do que talvez pareça. Com efeito, tal [modo de] agir, em vez de se ocupar com a Coisa mesma, passa sempre por cima. Em vez de nela demorar-se e esquecer a si mesmo, prende-se sempre a algo distinto; prefere ficar em si mesmo a estar na Coisa e a abandonar-se nela. Nada mais fácil que julgar o que tem conteúdo e solidez; aprendê-lo é mais difícil; e o que há de mais difícil é produzir sua exposição, que unifica a ambos" (Hegel, 1992, p.23).

Temos, então, algo a preservar. De um lado, o fato de que a totalidade é uma abstração do ponto de vista do observador: o que sensorialmente nos é possível identificar é a singularidade posta num amplo conjunto de escalas (do micro ao macro). De outro lado, em torno dessa mesma variedade de estímulos, uma ampla gama de necessidades tende a colocar homens e sociedades diferentes, diferentemente perante um mesmo objeto – independentemente da escala de corte que venhamos a refletir. Nesse sentido, parece-me legítimo que se agrupe um conjunto de perguntas num conjunto de respostas e que se crie este ou aquele denominativo para cada um deles. O que cria o problema, no entanto, é que, normalmente, no "corte do objeto" busca-se justificar o "corte da razão". Assim, enquanto o relevo é um problema da geografia, a sociedade o é da sociologia, a cultura da antropologia, a rocha da geologia e o planeta como um todo ou em suas micropartículas é assunto da física. Em outras palavras: esconde-se a dúvida e evidencia-se o fenômeno sem que, ao mesmo tempo, se evidencie o fato de que qualquer corte no real é, no mínimo, arbitrário.

O fato, portanto, é que não há múltiplos mundos, um para cada cientista ou ramo do conhecimento. O que temos são contradições e problemas diferenciados que se realizam na diferencialidade de um mesmo mundo e, para tanto, devemos construir diferentes referências sistêmicas (linguagens) de apropriação da relação entre sujeito e objeto.

É justamente na síntese entre o "corte do objeto" e o "corte da razão", como aqui procuramos expor, que poderemos entender dois aspectos fundamentais da ciência moderna: sua capacidade operacional – genericamente denominada de técnica – e sua linguagem – ou a teoria, propriamente dita. Tratando-se, evidentemente, de aspectos de uma mesma e única realidade, técnica e discurso fundamentam-se na cosmologia decorrente da própria necessidade de sobrevivência. A crise da ciência é, sempre, crise de uma sociedade, de uma certa maneira de viver e, por isso mesmo, de uma certa cosmologia. Desvendá-la tem, entretanto, o duplo sentido de compreendê-la associado à necessidade de superá-la. Por isso, a evidência da necessidade de historicizarmos nosso discurso, verificarmos as origens e dinâmicas da construção de nossa própria metafísica ou, alegoricamente, identificarmos alvos para escolher armas, pois, no final das contas, não dá para lutar contra o que não existe.

A geografia

> A história é espaço porque é movimento em perpétuo devir; e sem materializar-se em formas espaciais concretas, o devir não se efetiva e a história inexiste.
>
> (Moreira, 1985, p.15)

Desde as mais remotas tradições do pensamento ocidental – visto aqui pelo ângulo das mais variadas "fusões" de cunho greco-judaico – o desvendamento da metafísica, implícita ou explícita, no pensamento geográfico obriga-nos a romper com todos os limites de especialização que a mais sagrada tradição acadêmica tem imposto. A intenção é aparentemente simples: percorrer os caminhos do pensamento geográfico, o qual, sem dúvida alguma, foi construído por pensadores de todos os matizes e especializações.

Físicos, filósofos, alquimistas, teólogos, profetas e mais um sem-número de pensadores, cujo elo vai muito além da maneira pela qual foram sendo classificados através dos tempos, identificam-se justamente na necessidade de cada um desvendar o real, na incessante busca de uma condição única (ou lei, como modernamente tendemos a denominar) que permita transformar o conjunto de experiências em discurso – ou, como diz Bronowski (s.d.), "em linguagem sistemática" ou, ainda, em ciência.

Assim, identificando os limites e as condições de construção dos mais diferentes discursos em torno do espaço, na sua esmagadora maioria fundamentados na separação entre sujeito e objeto – e, portanto, enquanto uma metafísica –, a cultura ocidental cria e recria o fato básico de existir subsumindo-o no discurso que consegue criar em torno da própria experiência. Inverte posições. Coloca o objeto como sujeito metafísico – *a priori*, puro, divinizado, paradigmático etc. –, e dele desdobra a construção conceptual referente e recorrente do discurso científico.

> (Nós, os geógrafos, concebemos por natureza) um conjunto de corpos matematicamente ordenados pelos movimentos mecânicos da lei da gravidade, eis o que temos chamado de natureza. E, por conseguinte, o que temos chamado por base geográfica da história.

Concebemos a natureza decalcando nosso conceito no mundo sensível. Vemos a Natureza vendo coisas: o relevo, as rochas, os climas, a vegetação, os rios, etc. Como o que vemos são coisas isoladas, a natureza é por isto um todo fragmentário. Então, para dar-lhe unidade interligamos esses aspectos através de suas ligações matemáticas.

A natureza é para nós o corpo inorgânico, tal como rocha, montanha, vento, nuvem, chuva, rio, massas de terra. Quando nela incluímos as coisas vivas, tais como as plantas, é pelo papel que estas cumprem de complementação dos mecanismos das coisas mortas, como o de antierosão realizada pelos vegetais, ou de destruição realizado pelo homem com sua "erosão antrópica" ... Seu terreno é o estrito da ação gravitacional, o terreno demarcado pela regulação físico-matemática da natureza. (Moreira, 1993, p.1, 12)

Assim, no campo da geografia, tornou-se possível construir todo um discurso sobre um conjunto de objetos que, na verdade, não existem enquanto tais: o relevo, o clima, enfim, o mundo físico ou, visto por outro ângulo, a sociedade, a economia e os mais diferentes temas geográficos cujo único fundamento é, na verdade, a reificação de parcelas do real, transformando-as em objetos mortos com base num conceito de espaço que, na melhor das hipóteses, indica-o como abstrato (eis aí um problema aristotélico: o substantivo que não se consegue pegar é abstrato).

O que pensamos de espaço jamais poderá ser compreendido sem que se reflita sobre o próprio movimento que cria, recria, nega e, pela superação, redefine a espacialidade dos próprios homens. Espaço e tempo, considerados aqui como as categorias básicas da ciência moderna, são, na verdade, redimensionados na medida em que as sociedades se redimensionam.

Imaginamos aqui que a relação social com a distância, cuja identidade cultural deve ser o resultado da simbiose entre esforço físico e identidade paisagística, está na origem da humanização do homem (cultura). Se, como afirma Lefebvre (1979, p.34), "No princípio era o Topos", ou, em outras palavras, a identidade do indivíduo realiza-se na construção da identidade dos lugares, podemos afirmar que a construção cultural da humanidade é, entre outras coisas, a construção de sua geografia.

Entendendo que o ato de localizar-se (ou perder-se) impõe uma unidade entre a objetividade/subjetividade humana e sua alteridade – o

não humano, as marcas territoriais conhecidas contra as não conhecidas, o significado operacional e mítico de cada ato/lugar, dividindo na
diferencialidade dos lugares os trabalhos necessários à sobrevivência –,
pode-se dizer que a construção do discurso geográfico antecede o histórico (como discurso) e que é nesse jogo entre o real e a criação do simbólico (linguagem) que o processo de sistematização se constitui enquanto geografia.

Assim, se foi possível à tradição judaica identificar que, se o pecado
merece castigo, este se realiza, além de uma mera mudança de atitudes
(a dor, o trabalho), também com uma terrível mudança de lugar (expul-
são do paraíso),[9] impondo à ideia de salvação a imagem de um eterno
caminhar em busca do lugar sagrado – do reino de Deus –; da mesma
maneira, a leitura atenta da cosmologia mítica dos gregos jamais poderá
ser analisada se não for considerada a ordenação territorial de seu Olimpo,
sua Terra e seu Inferno.

Um espaço metafísico (objeto sem sujeito) dando sustentação a uma
natureza metafísica (fragmentária, parcelária) reproduz, então, a cosmologia que explica o mundo que hoje conhecemos. Muito além de um simples espelhamento (ou "mero reflexo"), o que se tem é uma relação social que se realiza para além do discurso, sem que deixe de tê-lo como
uma mediação absolutamente necessária.

É com tais preocupações sumariamente expostas que posso aqui
delimitar o que estou chamando de geografia. Como afirmei anteriormente, tal possibilidade dá-se, em primeiro lugar, pela evidenciação da
própria dúvida e materializa-se na medida em que podemos sistematizar a resposta no âmbito da identificação fenomênica: a dúvida geográfica é, de acordo com toda a tradição desse tipo de construção discursiva,
topológica. Desde os mais remotos textos identificados com a consigna
de "geografia" – vale realçar, especialmente, Heródoto e Estrabão –, o
que se tem é uma preocupação topológica normativa, ou, em outras palavras, a ordenação territorial dos fenômenos.

Onde? Eis a pergunta central do discurso geográfico. Respondê-la,
por sua vez, trará, sempre, as marcas pessoais de quem o faz e, por con-

---

9 Em outro texto tive a oportunidade de discutir esse fenômeno especificamente: *Gênesis*:
reflexões em torno de uma espácio-temporalidade primordial: a tradição judaica (Santos,
1994).

seguinte, a dimensão cosmológica em que se insere a construção do questionamento.

Não há, no meu entender, um problema com relação à construção primária da dúvida. Tanto do ponto de vista dos geógrafos quanto do senso comum consolidou-se em nossa cultura a identidade imediata entre o discurso de cunho locacional/toponímico e a geografia.[10] É justamente por isso que meu questionamento não aponta para a discussão entre o que é e o que não é geografia mas, justamente, a forma pela qual se construiu o jogo conceitual que dá sentido e significado às categorias de cunho topológico (tais como espaço, território, região, paisagem, lugar etc.). O problema, portanto, não está na pergunta, mas na resposta ou, em outras palavras, não está em questão se, até o presente momento histórico, as sociedades possuem ou não perguntas de caráter espacial mas, sim, o estatuto epistemológico eleito para dar sustentação às respostas.

Num primeiro *approach*, é necessário identificar que a construção do discurso geográfico faz-se em torno de duas linguagens intercomplementares: a cartográfica (que foi o ponto de partida da geometria e que, hoje, numa reversão espetacular, tem nela sua base técnica) e o texto discursivo propriamente dito. Ambos são, sem dúvida, leituras socialmente construídas do mundo e é em torno desse material que darei maior realce a esse jogo dialógico que pretendo desenvolver.[11]

Do ponto de vista cartográfico, o que pode nos servir de referência fundamental é que todos os mapas conhecidos, em todos os momentos da história, representam, de uma maneira ou de outra, a leitura de mundo da sociedade que os construiu (e, ainda, constrói) e são, portanto, potencialmente capazes de nos oferecer elementos de leitura da cosmologia subjacente a seus autores. Vale lembrar que os mapas possuem, genericamente, uma aparência meramente descritiva – quase invocando para si um

---

10 Em princípio não conseguimos identificar qualquer tipo de problema em denominar como "geografia" qualquer discurso que, simplesmente, identifique e localize montanhas, capitais, bacias hidrográficas etc.

11 Para o entendimento dessa reflexão, é necessário ter como princípio que o registrar das experiências (por exemplo, nas pinturas rupestres), identificando a variável topológica das relações com o mundo, é o ponto de partida para o desenvolvimento posterior da geometria (o pressuposto, portanto, é que a experiência precede a sistematização simbólica e, por sua vez, a sistematização construída é pressuposto para a nova experiência, isto é, o "ser deixando de ser" hegeliano, ou, ainda, a negação da negação).

certo caráter de neutralidade, tão caro a certas tradições positivistas –, o que nos obrigará a um esforço contínuo de comparação e identificação (releituras, portanto), sem o qual tenderemos a permanecer na superficialidade – um certo "congelamento" do fenômeno – que a linguagem cartográfica geralmente nos indica.

Há, ainda, o "outro lado dessa moeda": ao que me parece, a produção cartográfica, mesmo que recorrente em vários momentos históricos, não tem se mostrado suficiente para a sustentação de respostas quanto à distribuição territorial dos fenômenos. Via de regra há uma certa simbiose entre a cartografia e os textos descritivos e/ou explicativos. De Heródoto e Estrabão até os mais contemporâneos, a reflexão a que, normalmente, chamamos de geográfica procura fundir aos cartogramas um conjunto geralmente amplo de explicações que, implícita ou explicitamente, são valorativas. Em certos momentos teremos verdadeiros "diários de viagem", enquanto em outros teremos certos "manuais" de dimensões e profundidade variáveis, cujo objetivo é muito mais refletir sobre os dados disponíveis que, propriamente, coletá-los.

Um outro aspecto, ainda, há que se realçar, já que farei uso dele, mesmo que restrito, no transcorrer deste trabalho: uma parte considerável da arte ocidental vai transitar em torno de questões de cunho topológico. De certa maneira pode-se afirmar que, muito além da chamada "literatura científica", as transformações na leitura socialmente construída do significado de espaço (e tempo) reverberam nas artes plásticas, na música e na literatura em geral.[12] O presente trabalho, no entanto, tem limites bem definidos – no intuito, até mesmo, de garantir sua viabilidade – e, assim sendo, os exemplos sobre essa temática ficarão restritos aos absolutamente necessários.

A delimitação do tema

Consideremos a relação entre o espaço e o tempo. Os dois infinitos simultâneos e atuais se diferenciam e se cruzam na

---

12 Indicamos para leitura o texto de Szamosi (op. cit.), em que o autor dedica-se de forma sistemática a procurar não apenas as linhas e os pontos de ruptura entre os conceitos de espaço e tempo que vão sendo construídos como também a maneira pela qual tal desenvolvimento se expressa do ponto de vista das artes plásticas (espaço) e na música (tempo).

representação. Cada um se representa no outro e somente se representa através desse outro.

(Lefebvre, 1983, p.50-2)

Já observamos que a categoria "espaço" tornou-se tão rica de significados que fica mais e mais difícil dizer qual deles (geralmente expressos na forma de prenoções) expressa claramente nosso pensamento. Aleguei que tal fenômeno se deve ao fato de que o jogo simbólico que construímos na nossa relação com o mundo (e, nesse mundo, devemos encontrar, entre outros, a nós mesmos) permitiu-nos construir um mundo específico para o próprio simbólico (onde os idealismos de todos os matizes e tempos são exemplos mais que consistentes).[13] Antropomorfizamos o mundo sem perder a noção da alteridade e o ato do pensar tornou-se, nesse processo, ele mesmo alteridade.

Quando afirmei que a construção do simbólico pressupõe a experimentação e que um novo ato só se fará mediado pelo construído num processo contínuo de fusão e ruptura, unidade e alienação, quero retomar a ideia de que um dos pontos de partida da ação humana no que tange à superação de suas necessidades de sobrevivência implicou, sempre, algum tipo de deslocamento. Ir e vir são o ato primário da construção do registro toponímico e cartográfico e tais registros vão expressar, a cada momento histórico, a forma mesma em que se realiza esse movimento.

A diferencialidade das necessidades confrontando-se com a diferencialidade das condições de superação implicou, no processo global de construção cultural, a simbologia toponímica já que, só assim, seria possível

---

13 Vale realçar que Durkheim (1968) identifica, de forma muito dessemelhante a este texto, o fenômeno: "a reflexão é anterior à ciência; esta não faz mais do que utilizá-la de maneira mais metódica. O homem não pode viver entre as coisas sem formular ideias a respeito delas, e regula sua conduta de acordo com tais ideias. Mas, devido a estarem as noções mais próximas de nós e mais ao nosso alcance do que as realidades a que correspondem, tendemos naturalmente para substituir por elas estas últimas, transformando-as na própria matéria de nossas especulações ... Em lugar de ciência das realidades, nada mais fazemos do que análise ideológica. Não há dúvida de que tal análise não exclui necessariamente toda e qualquer observação. Pode-se apelar para os fatos com o fim de confirmar as noções ou as conclusões que deles tiramos..." (p.13-4). Não duvidamos que haja uma profunda distância entre intenção e gesto quando comparamos esta crítica durkheimiana e o restante de sua obra, mas é interessante notar que o entendimento em torno do processo de construção do conhecimento é uma rica fonte de delimitação e justificativa dos discursos científicos.

socializar no interior dos grupos humanos a localização das condições de sobrevivência. Do registro oral às pinturas rupestres (ou aos mapas esculpidos em madeira pelos "esquimós") e dessas aos registros computadorizados com base em equipamentos colocados a bordo de satélites artificiais, o problema da localização ainda está longe de estar encerrado.

Do primitivismo toponímico aos "guias de cidade", evidenciar-se que a identificação dos lugares toma sempre uma dupla determinação. De um lado, localizar-se sugere uma relação (uma "amarração" como diriam os topógrafos) entre pontos. De qualquer maneira, cria um problema de escolha do ponto de referência inicial, o que, *grosso modo*, se resolve com base no entendimento de que haja um lugar de conhecimento geral da comunidade (uma caverna, o entroncamento de um rio, um templo ou o que, genericamente, chamamos de centro da cidade). Por outro lado, ir, vir ou permanecer em "um lugar" pressupõem uma relação entre a necessidade e sua superação, isto é, estar é a condição do ser (em várias línguas esses verbos se confundem) na medida em que a diferencialidade territorial inerente ao planeta, ao se confrontar com a as múltiplas necessidades humanas, pressupõe o deslocamento territorial enquanto condição de acesso à possibilidade do ato. Assim, saber o "onde" se pode fazer isto ou aquilo (dimensão objetiva) vai se confundir, então, com o saber ou não agir de maneira a executar o que dele se espera (dimensão subjetiva).

Localizar-se, portanto, ultrapassa, mas não elimina, qualquer identificação de cunho meramente geométrico. Construir o jogo simbólico que representa esse processo pressupõe um "diálogo" direto não só com um cruzamento de linhas e pontos, mas, igualmente, com a subjetividade de quem se localiza, não apenas no plano de sua individualidade, mas sim também como sujeito historicamente identificável.

A pergunta, de certa maneira, já contém uma resposta: a sociedade moderna elegeu a "transformação" como eixo central de suas preocupações (proposição I). O fim da sociedade feudal e a hegemonia da sociedade burguesa (genericamente identificado como o período que vai do Renascimento ao Iluminismo) são, entre outros, um processo de desenvolvimento e hegemonização de um novo processo produtivo, cujo objetivo fundamental ultrapassa os limites da subsistência e atinge o paradigma da acumulação. Pode-se dizer que o que se observa é uma transformação

A reinvenção do espaço

radical (objetiva e subjetiva) do significado do viver, que constitui, assim, a construção de uma nova cosmovisão e de seus modelos (jogo simbólico) explicativos (cosmologia)(proposição II).

O que estou aqui afirmando nada tem a ver com o fato de que, de uma maneira ou de outra, elementos distintivos do fenômeno da transformação não estivessem já profundamente impregnados na cultura que antecede a da sociedade burguesa. A vida e a morte, a saúde e a doença, o "aqui e o alhures", o *continuum* quantitativa e qualitativamente diferenciado do viver, já constituíam, entre outras, preocupações presentes na cultura feudal. Tais questões, no entanto, possuíam a identidade geral da ciclicidade, isto é, via-se o mundo como um ir e vir constante dos mesmos parâmetros e, portanto, a transformação seria somente o caminho pelo qual a realidade dirige-se para o princípio do movimento. A sociedade fundamentada na acumulação geral das riquezas precisa (e o faz) romper com tal pressuposição, pois o que se deseja não é um amanhã igual ao ontem mas, pelo contrário, muito mais rico, muito mais rápido, muito maior.

Espaço e tempo, da forma como hoje os concebemos, são a sistematização simbólica criada pelas e através das transformações advindas do desenvolvimento da sociedade burguesa (tese central). Produto e condição do processo, o que pensamos ser espaço e tempo são, na verdade, a ferramenta que possuímos para sistematizar a nossa relação com o mundo da maneira como hoje ele se nos apresenta. O mundo da acumulação, que só se torna praticamente possível na medida em que conquista o controle sobre a dinâmica das coisas, criou, a seu favor, o discurso da "transformação", pois a mera descrição é incompatível com um processo produtivo que, cada vez mais e melhor, deve colocar tudo de que dispõe – como matéria-prima, máquina, força de trabalho etc. – a serviço da produção e reprodução ampliadas dos processos de apropriação do trabalho (Thompson, 1989, p.239-93; Elias, 1989).

Para os autores citados (Thompson e Elias), o realce fundamental está na identificação de que o processo de construção (e, portanto, ruptura com o que antecede) das novas relações sociais (aqui identificadas como modo de produção capitalista) rompe com a noção fluida e contínua do tempo feudal, apontando como de fundamental importância a construção do tempo sincopado, metrificado, condição e limite do processo de controle e apropriação do trabalho proletarizado.[14] Para o presente trabalho, propõe-se demonstrar que tal ruptura é, igualmente, uma superação da espacialidade feudal que, fundamentada nas relações de suserania e na produção de subsistência, tem como dimensão geral uma Terra fixa, localizada no centro do Universo, que se expressa numa cartografia conhecida pelo nome de T-O, cujo objetivo fundamental é identificar o mundo na perspectiva da tradição judaico-cristã.

Da Terra fixa à construção de uma concepção de planeta móvel, girando em torno de si mesmo e do centro do Universo (o Sol), do mapa em T-O ao mapa de Mercator, da Europa como centro do Universo à Europa como continente hegemônico (na parte superior e no centro dos mapas), da relação de suserania à propriedade privada da terra agrícola, dos caminhos à construção das estradas, dos feudos à retomada das cidades, o que se observa é uma transformação radical na concepção ocidental de espaço e espacialidade fundada, até mesmo, na apropriação e transformação generalizada de novos (e, até então, desconhecidos) territórios. Se é possível afirmar que a construção da sociedade burguesa pressupõe um redimensionamento da noção de tempo, o que se quer é evidenciar a dimensão espacial dessa dinâmica e, portanto, de um lado, em que medida a construção de novas relações sociais reconstrói o arranjo paisagístico tanto da Europa quanto das novas terras conquistadas e, de outro, como e por que tais transformações se expressam, também, na constituição do discurso científico.

Como recorte histórico, a discussão inicia-se, justamente, com a identificação dessa verdadeira revolução: a criação do espaço métrico. Todavia, obviamente, não poderá estancar aí. O discurso geográfico foi tomando contornos diferenciados no transcorrer dos séculos já que recebeu influências, as mais diversas, que poderiam ser resumidas em dois blocos distintos:

---

14 Elias vai mais além na medida em que aprofunda a discussão sobre o fato de que a criação do tempo sincopado transforma-se no ponto de referência geral da distribuição cotidiana das atividades humanas. Um relógio em cada pulso e teremos a sensação de que "não podemos perder tempo", "Tempo é dinheiro" etc., o que lhe permite afirmar que, diferentemente do pensamento kantiano, a noção de tempo não é apriorística mas, sim, socialmente construída. No transcorrer deste trabalho terei a oportunidade de discutir tais afirmações de forma mais aprofundada (principalmente no que se refere ao "espaço kantiano" e sua influência profunda no desenvolvimento do discurso geográfico). O que posso antecipar aqui é minha total concordância com as reflexões de Elias.

1 Quanto às mudanças das condições gerais:

- A consolidação do Estado nacional como registro político, territorializado na forma de país.
- A consolidação e esfacelamento do colonialismo.
- O desenvolvimento do modelo fabril com a consequente proletarização generalizada da força de trabalho.
- As mudanças radicais dos modelos técnicos/científicos e de controle do trabalho.
- A expansão e a consolidação da relação cidade-campo como marcas espaciais básicas do modo de produção capitalista.

2 Quanto às mudanças no discurso científico:

- A eleição da linguagem matemática como linguagem científica por excelência.
- A identificação da objetividade científica voltada para o *res-extensa* cartesiano; a geometria analítica e a preocupação com o "como" em detrimento do "por quê".
- O nascimento e a consolidação da mecânica newtoniana.
- A Razão Pura e a identificação do espaço na "Estética Transcendental: o Espaço-Receptáculo".
- A institucionalização do discurso geográfico.

Seguindo esse roteiro procurei desenvolver toda a reflexão que vem a seguir. Vamos a ela, portanto.

1
O fim do feudalismo e o nascimento do espaço métrico

> Não quer estar fechado, explicou Frei Giovanni ao frade superior, nunca esteve fechado, diz que tem medo do espaço fechado, que só concebe o espaço aberto, não sabe o que seja geometria.
>
> (Tabucchi, 1989, p.13)

Vamos, aqui, resgatar um certo tipo de tradição. Tal como o senso comum imagina os primeiros passos para qualquer reflexão geográfica, o nosso ponto de partida também será um mapa. Trata-se da primeira imagem daquelas que compõem o Anexo de figuras do presente livro e observá-la com atenção é, sem dúvida, um pressuposto para que possamos iniciar o diálogo em torno da construção burguesa da categoria espaço.

O mapa da Figura 1 é conhecido como "mapa T-O", pois, como podemos observar, os fenômenos representados estão no interior de um "círculo" e o mundo se apresenta dividido em três terras distintas – Europa, no quadrante inferior esquerdo; África, no quadrante inferior direito; e Ásia, na parte superior. Conservado na Biblioteca Nacional de Madri e datado do século XI, procede do Mosteiro de Santo Isidoro de León.

O presente mapa é o nosso ponto de partida. Não quero fazer uma nova história da cartografia e, por isso mesmo, não nos importará, aqui, compará-lo com exemplos mais ou menos estilizados que o apresentado.

O que nos importa, verdadeiramente, é procurar entender que "caminhos" estão aqui apontados ou, em outras palavras, além do mundo efetivamente representado, qual seria a visão de mundo que justificaria a produção de uma referência cartográfica tão distante, até mesmo dos conhecimentos "geodésicos" já disponíveis na época.

Vamos, primeiramente, observar a descrição disponível na obra de referência:

> A cópia mais antiga do mapa do Bento parece ser a de Valcavado do ano de 970, conservada atualmente na Universidade de Valladolid. É um mapa grande, de forma retangular, com os cantos arredondados, conservando nítidas reminiscências dos mapas T-O. As terras são representadas de forma esquemática com a costa reta no Mediterrâneo. Circulando o mapa uma faixa azul simula o oceano, desenhado com sua fauna e suas correntes. Na parte superior pode ver-se o vergel paradisíaco com Adão, Eva e a serpente, e um grande H que representa Jerusalém. Também estão incluídos os principais sistemas montanhosos, uns em forma de asa aberta e outros em forma de aros entrelaçados. No sul, e separada pelo Mare Rubrum, há uma grande ilha com a seguinte inscrição: *Deserta terra uicina soli absoluto ardore incognita Nobis.* (p.57)[1]

O próximo passo é ultrapassar os limites da própria descrição, fazer perguntas, inferir, induzir, deduzir. No século em que o mapa da Figura 1 foi copiado já havia referências razoáveis sobre o planeta. Já se desenvolvera um amplo conjunto de teses que afirmavam ser o planeta esférico e possuir, aproximadamente, 40 mil quilômetros de circunferência. O legado grego não estava escondido dos intelectuais da Igreja Católica mas, mesmo assim, o que se verifica é:

- Uma despreocupação quase que absoluta em relação a qualquer referência escalar;
- Um pretenso desconhecimento dos recortes em relação ao Mediterrâneo. As penínsulas, simplesmente, desapareceram;

---

1 O texto aqui citado não está se referenciando diretamente ao mapa que apresentamos na Figura 1. Na verdade ele descreve a cópia de Valcavado (970) como o próprio texto indica. O mapa da Figura 1, como já dissemos, é uma cópia feita no século XI. As duas versões só se diferenciam em pequenos detalhes (principalmente nas cores) e escolhemos a segunda porque sua reprodução é mais nítida na obra de referência e não prejudica o andamento de nossas discussões.

- Um amplo conjunto de indicações toponímicas cuja referência histórica é desconhecida: a presença do paraíso no extremo leste do mapa é pura conjectura;
- O relevo, relativamente bem conhecido na época, especialmente no que se refere aos Alpes, está representado como pura alegoria;
- A presença de mares no extremo sul é desconhecida. Ao que parece, tal indicação tem por fundamento a ideia de que as terras emersas seriam completamente cercadas por águas;
- Por fim, a representação em T-O só tem sentido se considerarmos que o cartógrafo pressupunha ser a Terra plana e, portanto, desconsiderava o legado da tradição grega.

Vejamos, antes de continuarmos, mais algumas referências, retiradas de *História da cartografia*, em torno desse tipo de cartograma:

> O principal veículo transmissor do pensamento latino foi a literatura patrística, onde se colhe a concepção romana da terra achatada, sacramentada pelos dados bíblicos. São João Crisóstomo, Orígenes, Lactâncio, São Jerônimo, Santo Agostinho e outros responderam a esta perspectiva ... Geralmente, os mapas da cultura patrística são esquemas muito simples, projetados para ilustrar textos litúrgicos ou livros sagrados. Correspondem à concepção dos mapas circulares em T-O, em diversas tipologias zonais ou universais, arquétipos dos diagramas de origem romana ... A divisão tripartite do mundo que nos oferecem estes mapas inspira-se na divisão bíblica que Noé fez entre seus três filhos: Sem, Cam e Jafé. Por isso foram chamados "Mapas de Noé". (p.49)

Uma primeira conclusão, creio, já pode ser aqui registrada: os mapas produzidos e reproduzidos na Europa Ocidental, durante a maior parte do feudalismo, não tinham por objetivo qualquer tipo de precisão geométrica, isto é, não foram feitos para indicar lugares, caminhos ou qualquer outro tipo de referência toponímica que objetivasse esclarecer um leitor sobre a sua real distribuição territorial. Com o uso do mapa T-O não seria possível ir ou vir a qualquer lugar e, portanto, pode-se inferir que seus criadores romperam com toda a tradição cartográfica até então disponível.[2]

---

2 Pelo que se pode observar, independentemente da capacidade técnica e da escala de referência, os cartógrafos que antecederam o feudalismo (o caso de Ptolomeu é paradigmático) buscaram, de uma maneira ou de outra, algum nível de precisão geométrica e toponímica.

O comentador, por sua vez, realça a literatura patrística. Talvez fosse este um dos mais importantes veios dessa discussão. Afirmar, com todas as letras, a hegemonia cultural do cristianismo/catolicismo romano é apontar para um dos elementos fundamentais que dá substrato ao discurso feudal. O mapa da Figura 1 não deixa dúvida quanto a esse fato na medida em que, tendo Roma no centro, aponta para Leste com dois realces toponímicos fundamentais: Jerusalém (a terra santa, o lugar onde se realizou a salvação) e o Paraíso – este sim, um lugar a se conquistar e, portanto, a se alcançar. O fundamental em todo esse raciocínio é que o "caminho" que leva ao Paraíso não se faz com estradas mas com submissão a determinadas regras de comportamentos: o arcabouço ético (e estético)/moral que, materializado nas relações feudais, foi traduzido pela sistematização do cristianismo católico romano.

O discurso patrístico, portanto, é a expressão hegemônica do significado de conhecimento do feudalismo e os mapas T-O expressam, do ponto de vista gráfico, o que Lactâncio (século III) expressou no plano discursivo:

> Têm sentimentos razoáveis aqueles que afirmam que haja antípodas? Existe alguém tão extravagante para convencer-se de que existem homens que possuem os pés para cima e a cabeça para baixo ... que as ervas e as árvores crescem descendo, e que a chuva e o granizo caem subindo? ... Como, pois, têm-se dedicado a afirmar que haja antípodas? ... Considerando-se que o céu é redondo, carece que a terra, que se encontra no seu interior, também fosse redonda. É por ser redonda que se vê igualmente o céu por todos os lados, e por todos os lados se lhe opõem os mares, as planícies e as montanhas. Desse fato, conclui-se que não há nenhuma parte que não esteja habitada. Desta maneira, a esfericidade que têm atribuído ao céu tem permitido imaginar os antípodas. Quando, aos que defendem tão monstruosas opiniões, se pergunta como pode ser que o que está sobre a terra não caia em direção ao céu, respondem que é porque os corpos pesados tendem sempre para o centro como os raios de uma roda e que os corpos leves, como as nuvens, a fumaça e o fogo, se elevam no ar. (Lactâncio, apud Randles, 1990, p.17-8, T. A.)

Devemos considerar, primeiramente, que as afirmações de Lactâncio estão muito longe de serem levianas, embora não se possa inferir que ele, simplesmente, traduza a tradição bíblico-judaica – no sentido de se contrapor à tradição greco-aristotélica. Os mapas em T-O têm suas origens na esquematização territorial proposta pelo Império Romano e o que Lactâncio propõe é já um discurso a serviço de uma nova hegemonia, que vai se consolidando em pleno século III. A simplicidade argumentativa – para os parâmetros de hoje – era mais que suficiente para garantir a legitimidade do discurso, e mesmo Santo Agostinho vai confirmá-lo, cerca de 300 anos mais tarde, com menor virulência:

> Quanto à fábula dos antípodas, quer dizer, de homens cujos pés pisam o reverso de nossas pegadas na parte oposta da terra, onde o Sol nasce, quando se oculta de nossos olhos, não há razão que nos obrigue a dar-lhe crédito. Tal opinião não se funda em testemunhos históricos, mas em meras conjecturas e raciocínios aparentes, baseados em estar a terra suspensa na redondez do céu e o mundo ocupar o mesmo lugar, ínfimo e médio. Daí deduzem não poder carecer de habitantes a outra parte da terra, quer dizer, a parte debaixo de nós. E não reparam em que, mesmo crendo ou demonstrando com alguma razão que o mundo é redondo e esférico, não é lógico dizer que a terra não é coberta de água por este lado. A escritura, que dá fé das coisas passadas precisamente porque suas predições se cumprem, não mente. Além de parecer enorme absurdo dizer que alguns homens, atravessada a imensidade do oceano, puderam navegar e arribar à referida parte com o fito exclusivo de salvaguardar em sua origem a continuidade unitária do gênero humano. (Agostinho, 1990b, p.231)

Quando Santo Agostinho afirma que "mesmo crendo ou demonstrando com alguma razão que o mundo é redondo e esférico, não é lógico dizer que a terra não é coberta de água por este lado", está, evidentemente, "jogando com as possibilidades", isto é, vê razão em uma parte mas não em outra sem que possa usar o mesmo argumento do início de sua dissertação: "Quanto à fábula dos antípodas... não há razão que nos obrigue a dar-lhe crédito. Tal opinião não se funda em testemunhos históricos, mas em meras conjecturas e raciocínios aparentes". Considerando que a falta de testemunho histórico, naquela época, é comum aos dois termos da proposição e que a esfericidade da Terra se se baseia em "raciocínios aparentes", verificamos que o discurso se baseia em relações que ultrapassam os limites do simples empirismo, já que nos seria impossível acusar qualquer um dos atores citados de terem construído uma farsa, isto é, de estarem defendendo posições com as quais não concordassem por razões meramente oportunísticas.

Mesmo considerando que a ordenação discursiva de Santo Agostinho seja mais bem arranjada que a de Lactâncio (e que isso não se deve ao fato de o primeiro ter escrito alguns séculos depois do segundo), a literatura patrística que ambos representam (bem como o mapa T-O da Figura 1) mostra-nos, pelo menos, um dos aspectos que dá sentido e harmonia ao pensamento feudal (e que vai sofrer profundas críticas antes mesmo do Renascimento): o plano discursivo não tem como objetivo central conferir ao pensamento qualquer tipo de legitimidade no sentido de tornar-se operacional para a cotidianeidade. Em outras palavras, o saber se há ou não antípodas, se a terra é ou não redonda, se o paraíso fica ou não no extremo leste do ecúmeno, de forma alguma pode ser transformado em um saber operativo (técnico) mas, de uma maneira ou de outra, é um discurso justificador, que se fundamenta nas expressões materiais de um novo mundo (Lactâncio e Santo Agostinho) que, paulatinamente, substitui as relações dadas pelo Império Romano e procura dar sentido lógico à sua continuidade (o mapa T-O da Figura 1).

No contexto da discussão proposta, portanto, o que pretendo afirmar é: o conjunto de temas que, genericamente, faz parte das discussões da historiografia – tais como a presença da servidão, as relações de suserania, a fragmentação territorial do poder, a produção de subsistência, a propriedade dos bens de produção por parte dos trabalhadores agrícolas etc. – está expresso aqui na forma de uma discussão em torno da existência ou não de antípodas e de um "desenhar" do mundo que não necessita de escala e, nem mesmo, de qualquer precisão toponímica, pois, na verdade, o que se pretende é mostrar o mundo das relações feudais e não a localização deste ou daquele lugar em específico.

Mas, no final das contas, em que medida mostrar o "mundo das relações feudais" elimina a necessidade da localização precisa de seus lugares?

A construção da resposta implica, necessariamente, uma inferência: o mundo dos feudos, à proporção que, diferentemente[3] do nosso, garante sua reprodução na manutenção das relações – de trabalho, técnicas, culturais –, constrói sua mais simbólica representação apontando para o lugar que não se atinge pelo trabalho, pela acumulação, pela transformação, pela apropriação, mas, sim, pela resignação, pela morte, pelo perdão. O seu mapa não precisa expressar este ou aquele lugar nas suas

---

3 Porque em nosso mundo a reprodução dá-se de forma ampliada.

determinações geométrico-matemáticas, mas o lugar outro, o *u-topos*, o não lugar, como perspectiva e garantia de que a manutenção das relações dadas é o caminho da transubstanciação da carne em espírito, do esforço em descanso, do pecado em perdão, da aridez do cotidiano na fluidez da eternidade paradisíaca.

Se esta é simplesmente a forma pela qual o mundo feudal pensou suas próprias relações, é discutível. Transformar o mundo dos servos e senhores num modelo aplicável a todas as suas relações em todos os seus momentos é, no mínimo, um reducionismo que os historiadores, de maneira geral, já superaram. O que nos importa, no entanto, não é descobrir uma relação de causa e efeito, em que a leitura patrística de mundo seja um simples reflexo das relações sociais que ela procura garantir/reproduzir. A identificação de que o cristianismo católico-romano possuía a hegemonia político-econômica do feudalismo não permite qualquer equívoco no sentido de transformar tal domínio em algo monolítico e, portanto, isento de contradições.

A ideia de hegemonia pressupõe mutações na correlação de forças e, nesse mesmo sentido, a existência de grupos sociais que, direta ou indiretamente, representam comportamentos de oposição e resistência no interior mesmo das relações dominantes.

O discurso no qual estamos nos referenciando, portanto, ainda no período histórico do feudalismo, já sofre seus reveses quando da publicação da obra de Johannes de Sacrobosco (*Tratado da esfera*), a qual, elaborada no século XIII, tornou-se obrigatória para os estudos de Astronomia por mais de 400 anos:[4]

> A universal máquina do mundo se divide em duas partes: celestial e elementar. A parte elementar é sujeita a contínua alteração e divide-se em quatro: Terra, a qual está como centro do mundo no meio assentada, segue-se logo a Água e ao redor dela o Ar, e logo o Fogo puro que chega ao céu da Lua, segundo diz Aristóteles no livro dos meteoros, porque assim assentou Deus Glorioso e Alto. E estes quatro são chamados elementos, os quais uns pelos outros se alteram, corrompem e tornam a gerar. São os elementos corpos simples que não podem partir em partes de diversas formas, pela mistura dos quais se fazem diversas espécies das coisas que se

---

4 Informação fornecida por Valdir Casaca Aguilera-Navarro (do Instituto de Física da UNESP) na apresentação da edição brasileira do livro de Sacrobosco.

geram. E cada um dos três cerca de todo a Terra, senão o quanto a secura da Terra resiste à umidade da Água para manter vivos alguns animais. E todos os outros afora a Terra se movem, a qual como centro do mundo com seu peso foge igualmente de todas as partes do grande movimento dos extremos e fica no meio da redonda esfera. (Sacrobosco, 1991, p.30-2)

Há, no texto citado, uma gama de elementos bem curiosos, e o primeiro deles é o fato de que Sacrobosco praticamente dedicou seu livro a Santo Agostinho, o que, apesar das diferenças de concepção entre eles, permite-nos inferir a busca de legitimidade para a publicação de seu texto.[5] A diferença de perspectiva entre ambos é, no entanto, evidente. Aqui voltaremos a observar o mundo na sua esfericidade. A mudança, no entanto, não se fez em função de nenhum aprimoramento na capacidade de observação dos estudiosos da época. Cerca de sete séculos os separam e, como se vê, não é em nenhum autor mais recente que Sacrobosco vai buscar os fundamentos de seu discurso: trata-se de uma retomada da física aristotélica e da astronomia ptolomaica.[6]

Mas é a afirmação "a universal máquina do mundo" que deve chamar-nos a atenção. A ideia de que o mundo é uma máquina – mesmo para os moldes do feudalismo – coloca o texto de Sacrobosco numa verdadeira "rota de colisão" com a literatura hegemônica até o século X. Esta é uma afirmação que se reproduzirá por diferentes textos e matizes e

---

5 "Ao Sereníssimo e Excelentíssimo Príncipe o Infante Dom Luís. Diz o bem aventurado Doutor Santo Agostinho no décimo quinto livro que escreveu sobre a trindade ... que os conceitos e, pela mesma razão, a ciência não têm linguagem própria. Porque ciência não é outra coisa senão um conhecimento habituado no entendimento, o qual se adquiriu por demonstração, e demonstração é aquele discurso que nos faz saber. E pois a voz não serve mais do que para explicarmos nossos conceitos, que por qualquer que seja se pode dar a entender" (Sacrobosco, 1991, p.27).

6 Não cabe a este trabalho aprofundar-se nas convergências e divergências entre o pensamento aristotélico e o ptolomaico. Creio que nos bastaria relembrar que Ptolomeu toma de Aristóteles a ideia de ser o Universo composto de quatro elementos distintos: Terra, Água, Ar e Fogo, cada um deles com um lugar específico definido pelo seu peso. Tal teoria justifica o fato de a Terra estar no centro do Universo e as estrelas (fogo) em sua periferia. A ideia de Aristóteles de que os movimentos dos astros seriam perfeitamente circulares foi, no entanto, contestada pelo modelo ptolomaico, que cria um conjunto de "recursos geométricos" – principalmente os epiciclos e os deferentes – capazes de justificar os "distúrbios" observados, principalmente, nas estrelas errantes (planetas).

atingirá o auge quando Newton sintetizar e superar todo o discurso disponível sobre a *physis*. De qualquer maneira, eu estaria cometendo um reducionismo se resolvesse, simplesmente, afirmar que a máquina presente no imaginário de Sacrobosco possuía as mesmas características da de Newton, mas, creio, não seria demais afirmar que por trás dessa alegoria está a pressuposição da possibilidade explicativa, isto é, uma máquina tem, sempre, uma função determinada pela inteligência criadora e a observação mais ou menos minuciosa de seus movimentos torna-nos aptos a dizer não só qual seria sua serventia, mas, igualmente, qual fora o objetivo de seu criador. Em outras palavras: a máquina é passível de uma racionalidade explicativa.

Sacrobosco, portanto, é um dos marcos de uma verdadeira revolução, ao lado de nomes como o de Santo Tomás de Aquino e Alberto Magno. Trata-se de uma revolução no sentido de redefinir a dinâmica do discurso, apropriando-se das novas necessidades sociais que, paulatinamente, vão se impondo ao feudalismo a partir do século X.

Mas que novas necessidades seriam essas? Ora, considerando que uma descrição mais pormenorizada do processo de construção da crise feudal nos deslocaria por completo dos objetivos do presente texto, creio que basta afirmar que fatos como a expansão árabe, a incapacidade interna dos feudos em mudar seu ritmo produtivo – para dar conta da variação tanto na disponibilidade de produtos quanto na disponibilidade de trabalhadores –, a própria fragmentação territorial do poder, que impedia qualquer intervenção de maior profundidade nas relações de produção, foram colocando, pouco a pouco, dilemas de fundo na manutenção desse modo de produção.

Ora, o que se observa claramente é que estamos diante de um modo de produção cuja capacidade de adaptação a novas condições é relativamente pequena.

Entretanto, até a mais simplória literatura[7] sobre o feudalismo aponta esse período como o da retomada da vida urbana e do consequente enfraquecimento dos feudos como principais centros de produção e reprodução da vida, e não esquece de identificar o ressurgimento de centros comerciais e o aparecimento dos burgueses como uma classe social

---

7 Ver, por exemplo, Huberman (1967).

que, ainda na marginalidade, começa paulatinamente a exercer pressões econômicas e políticas na definição dos rumos a serem tomados.

Um outro aspecto é que a retomada da vida urbana se confronta diretamente com a fragmentação administrativa dos feudos, uma vez que cada um deles possuía moedas e sistemas de pesos e medidas próprios, o que colocava em questão as necessidades mercantis que se desenvolviam.

Além do mais, pensar em crise do feudalismo é ter em perspectiva algo em torno de quatro a cinco séculos de maturação (entre o século X e o XV) e, a partir daí, pelo menos mais quatro até a Revolução Francesa (final do século XVIII).

Quando nos defrontamos, portanto, com homens como Sacrobosco ou Santo Tomás de Aquino, o que se aponta não é uma simples retomada do pensamento aristotélico e do mundo esférico – além da retomada dos estudos matemáticos que, durante séculos tinham sido considerados uma arte demoníaca, somente praticada pelos judeus e árabes, isto é, pelos infiéis –, mas a retomada de uma outra condição social muito diferente daquela que inspirou seus criadores. Em outras palavras, o que está em pauta é uma mudança do "discurso justificador" para o "explicativo", isto é, o que se coloca como missão é retomar o fenomênico como referência (ou ponto de partida) do discurso.

Tomar o fenomênico como referência é, antes de tudo, gerar um novo código de linguagem, capaz de responder a uma nova ordem de problemas. A retomada dos estudos matemáticos é, sem dúvida, a referência que permitirá, no transcorrer de mais alguns poucos séculos, construir a linguagem da certeza científica. É, também, como podemos facilmente verificar nos textos de Sacrobosco e Aquino, parte dos esforços fundamentais para trazer até o texto a dedutibilidade que caracterizará a linguagem filosófica até o Iluminismo, para tornar-se a expressão por excelência da linguagem acadêmica.

1.1 A geometria projetiva:
uma nova definição de localização[8]

No princípio do século XIV ... quando, para a maioria dos filósofos da natureza, a ideia de observá-la com a finalidade de aprender era inteira-

---

8 A denominação "geometria projetiva" referindo-se a um campo específico do conhecimento só se consolida no final do século XVIII, início do XIX. Estou, portanto, usando a expres-

mente estranha, certos pintores italianos ... estavam usando a observação detalhada da natureza como a chave para o realismo visual. Por volta do fim do século XIV, ideias semelhantes tornaram-se também aceitas nos Países Baixos ... Nenhum desses pintores parece ter tido uma base técnica para o seu realismo. Eles eram exatamente observadores cuidadosos que tentaram, com incrível e detalhada precisão, recriar a aparência ótica de profundidade e movimento e a distribuição de figuras no Espaço. Tiveram sucesso porque a coordenação entre suas mãos e seus olhos era extremamente eficiente ... nas duas primeiras décadas do século XV, duas importantes sugestões visuais usadas na percepção do Espaço tridimensional – a diminuição do tamanho dos objetos e a convergência visual de linhas paralelas a sumir de vista – começavam a ser reproduzidas em superfícies planas bidimencionais ... O meio prático de fazer um desenho em perspectiva foi descrito pela primeira vez por Leonardo da Vinci... (Szamosi, 1988, p.118)

O texto nos indica dados de suma importância para a nossa reflexão. O primeiro deles é apontar o século XIV como o nascedouro da perspectiva; o segundo é informar-nos que "eles ... tentaram, com incrível e detalhada precisão, recriar a aparência ótica de profundidade e movimento e a distribuição de figuras no Espaço" e, por fim, lembrar-nos que o primeiro tratado sobre o assunto foi escrito, justamente, por Leonardo da Vinci.

Vamos por partes. O primeiro realce nos coloca diante de um movimento muito mais geral de transformação das relações sociais. Sacrobosco, em defesa dos interesses da hegemonia cristã – na leitura do catolicismo romano –, deu os primeiros passos na luta contra o que o Renascimento, e principalmente o Iluminismo, chamará de obscurantismo medieval. O feudalismo será designado de obscurantista não porque realmente o tenha sido mas, justamente, por ter tentado lutar contra todas as forças adversas para sobreviver enquanto modo de produção, e receberá tal alcunha justamente de seus detratores. A derrocada de sua riqueza, no

---

são indevidamente, já que ela não reflete o momento histórico a que o texto se refere. A justificativa, no entanto, é simples: mesmo considerando que o uso da perspectiva não resulta, necessariamente, numa "geometria projetiva", a origem deste campo específico dos conhecimentos matemáticos está, efetivamente, na necessidade de desenvolver e sistematizar a perspectiva. Nos momentos em que me foi possível, procurei usar o termo "perspectiva" no lugar de "geometria projetiva" mas, para uma melhor identidade dos processos que identificam o desenvolvimento da linguagem cartográfica – o que será discutido mais adiante –, o uso da expressão me parece mais que justificado.

entanto, só se efetivará quando o novo modo de produção mostrar-se substantivamente mais rico, e esse processo, em meio à crise feudal, dar-se-á por passos nem sempre muito lineares mas, de qualquer forma, inexoráveis no interior mesmo dos valores que garantiam a subsistência das relações infrassupraestruturais feudais.

O segundo ponto exemplifica esse passo fundamental. É interessante notarmos que a inexistência da perspectiva expressa o fato de que, até o século XIV, a localização dos fenômenos (tal como no mapa T-O) não estava colocada em questão. Se é perfeitamente viável considerarmos que a humanidade já possuía capacidade ótica de olhar o mundo tridimensionalmente e que, portanto, percebia concretamente que suas representações gráficas se distanciavam da realidade fenomênica, podemos afirmar também que a aceitação pura e simples da bidimensionalidade – sem que isso causasse espécie ao observador – envolvia algo muito mais complexo que a simples aceitação da incapacidade técnica. O que está em jogo aqui são as mesmas questões que envolveram a retomada da ideia de que a Terra é esférica e está no centro de uma ampla combinação de mais oito esferas. Trata-se de construir um discurso explicativo para a empiria no qual, da forma mais precisa possível, se detectasse o "verdadeiro" lugar dos homens. Em Sacrobosco, na forma da discussão em torno da Astronomia, para os artistas plásticos, na distribuição dos homens e das coisas pelos seus lugares – trata-se, portanto, de um mesmo movimento, cuja diferencialidade interna é exclusivamente escalar.

Os comentários de Szamosi, no entanto, não nos fornecem um conjunto suficientemente amplo de informações para que possamos, mais à frente, identificar com maior clareza as consequências desse período para a construção do(s) nosso(s) conceito(s) de espaço. É Thuillier (1994) que, em princípio concordando com Szamosi, faz uma afirmação qualitativamente importante para nós:

> o Renascimento não *descobriu* de uma vez por todas o Espaço absoluto tal como ele existe em si e por toda a eternidade ... É melhor dizer que *inventou* uma certa ordem espacial aproveitando uma série de experiências de caráter social e cultural. Foi "a própria natureza do Espaço humano" que se transformou. E, portanto, não se trata simplesmente do surgimento de uma teoria (no sentido intelectual do termo), mas de um episódio do domínio da *antropologia cultural*. Concretamente, isso quer dizer que é preciso

tentar entender como um conjunto complexo de tradições e mudanças históricas favoreceu o nascimento de um novo "sentido espacial". (p.61)

Creio que é justamente essa perspectiva que faltou a Szamosi pois, de uma maneira ou de outra, "estudar o nascimento de uma nova organização espacial ... é também indagar sobre as origens de uma nova maneira de perceber e conceber a natureza" (Thuillier, 1994, p.60).

> a partir dos séculos X e XI, o Ocidente conheceu uma expansão muito acentuada das técnicas e um importante movimento de urbanização ... um novo personagem, o engenheiro, fez sua aparição ... a produção e o comércio tornaram-se mais eficientes; e logo os bancos concretizaram de modo dinâmico essa grande mutação que conduzia à época moderna. Progressivamente, os empreiteiros afirmaram-se como criadores de um novo mundo, animados pela busca do rendimento e do lucro. E, correlativamente, uma nova mentalidade se instaurou, marcada por um "realismo" e um "racionalismo" totalmente favoráveis ao estudo sistemático da natureza.
>
> ...
>
> A arte de medir e calcular, daí em diante, ganhou uma importância crescente. Os homens de negócios deviam determinar corretamente seus estoques e manter as contas em ordem; os banqueiros, manipulando o dinheiro sob formas cada vez mais variadas e mais "abstratas", precisavam de diversas técnicas de cálculo; quanto aos engenheiros, eles eram levados a utilizar concretamente as matemáticas para tornar suas atividades mais "racionais" (e portanto mais eficazes) ... Um outro fato confirma essa sensível evolução do "sentido do espaço": na década de 1420, após um conflito entre Florença e Milão, uma fronteira retilínea, totalmente "abstrata", foi estabelecida entre os dois estados. "Foi talvez a primeira vez na história que uma linha matemática imaginária – em lugar de um ponto de referência físico – foi reconhecida como limite territorial." Giovanni Cavalcanti, exaltando esse acontecimento num texto de 1440, estava consciente de sua originalidade: o olho, ele constata, tornou-se "a régua e o compasso", graças aos quais as terras são divididas; "tudo se submete à doutrina geométrica...". (p.71-7)

As informações oferecidas por Thuillier são da maior importância. O autor, sem perder de vista as relações sociais transformadas e transformadoras, indica um caminho de pesquisa. Se é possível afirmar que, num mesmo período histórico, observaram-se mudanças substanciais no discurso científico, mais importante que isso é identificar em que medida tais mudanças expressaram, ou não, rupturas do ponto de vista da construção cultural, política e econômica como um todo, pois – e a história é rica em exemplos – a pura e simples mudança neste ou naquele aspecto do discurso científico terá maior ou menor importância conforme expressarem – direta ou indiretamente – questões que vão muito além da individualidade do pensador.

Retomemos o texto de Thuillier e seus exemplos. Ele nos aponta para a presença cada vez mais maciça da máquina e, obviamente, de seus construtores. Não está aqui pressuposto que as sociedades anteriores estivessem estruturalmente incapacitadas de criar o que se criou entre os séculos XI e XIV. O fato primeiro é que não o fez e a inferência possível é que os desafios dessa época não estavam colocados para as sociedades que a antecederam.

Não vêm ao caso, aqui, as possíveis diferenças analíticas existentes entre os autores citados, mas ambos concordam com o que efetivamente nos interessa: as mudanças ocorridas na cotidianeidade feudal geram novos desafios e a resposta aos novos dilemas impõe outras perspectivas em relação à concepção de espaço até então vigente.

Colocar as coisas e os homens nos seus lugares implicou medir distâncias e, mais que isso, sistematizá-las como representação possível e necessária para garantir os novos parâmetros de produção/reprodução social.

A espacialidade sem escala, sem profundidade, sem medidas, dá lugar ao domínio sobre a processualidade, o que, por sua vez, exige:

- A consolidação da ideia de espaço como substantivo. O uso do conceito de espaço enquanto adjetivação não permite a medição por fora do fenomênico e, menos ainda, a reificação do território a ponto de se construírem fronteiras com base em parâmetros meramente conceituais matemáticos/geométricos.
- A substantivação do espaço, por sua vez, permite o desenvolvimento da própria geometria, definindo regras que permitirão um verdadeiro "redesenhar" do mundo, tanto no que se refere às artes plásticas – parametrizando o lugar de cada um no jogo das relações sociais –, quanto à própria cartografia – indicando com maior precisão a distribuição territorial dos fenômenos (não só aqueles que devem ser evitados como, fundamentalmente, o percurso exigido por tudo aquilo que se quer conquistar).

1.2 A música polifônica e a marcação métrica do tempo

As condições fundamentais para a construção do mundo como hoje o conhecemos – e, dirigindo-nos diretamente para o nosso tema: para a(s) concepção(ões) de espaço hoje em voga – não se restringiram às novas maneiras de descrever a localização territorial dos fenômenos. Tal descrição, como já chegamos a observar, exigiu a construção de uma nova "linguagem" que sistematizasse as necessidades sociais emergentes. É nesse sentido que podemos afirmar que, a partir do século XI, também se constroem novas maneiras de se observar o tempo e, mais que isso, o aristotelismo ressurgente traz consigo o germe de sua própria destruição.

Teremos aqui de aprofundar-nos um pouco mais em torno dessa discussão, já que, como veremos mais adiante, as modernas noções de espaço e tempo são relativamente concomitantes e estruturalmente interdeterminantes.

Vamos, primeiramente, a uma reflexão mais geral:

> As medidas de Espaço desenvolveram-se cedo porque seu uso era uma necessidade social. Mas não havia uma real necessidade social de medidas precisas de tempo – de pequenas durações em particular – até relativamente pouco tempo atrás.
>
> O que as sociedades humanas necessitavam desde cedo era de uma capacidade de acompanhar o curso do tempo. Isso é muitas vezes confundido com a medição do tempo, embora as duas operações nada tenham em comum ... Os relógios e calendários também não ajudavam a estabelecer a ideia de um fluxo uniforme, regular. Ao contrário. (Szamosi, 1988, p.97)

As observações aqui desenvolvidas por Szamosi já, de certa maneira, foram feitas na introdução deste trabalho quando me refe ri à "pintura rupestre". Interessante aqui é exatamente a contraposição feita pelo autor entre "acompanhar o curso do tempo" e o ato de medi-lo propriamente dito. Para medir o tempo é necessário que, de adjetivo, ele se transforme em substantivo, isto é, o tempo deve deixar de ser um predicativo do movimento dos fenômenos para ser algo em si e para si. Se é possível entendermos que a retomada da física aristotélica garante a ideia de circularidade e que tal perspectiva em relação ao tempo se ajustaria perfeitamente ao *modus vivendi* feudal e à aparente condição de "eterno retorno fenomênico", havemos também de refletir sobre o fato de a decadência do feudalismo ser igualmente a decadência de sua concepção de temporalidade.

Szamosi dedica páginas e mais páginas ao assunto, tomando por referência as transformações ainda não expressas nos textos de física ou nos teológicos: as novas formas musicais. Voltemos a ele, portanto, e verifiquemos sua descrição sobre o processo de transformação na concepção de tempo feudal:

> No princípio, as melodias eram cantadas monofonicamente, cada um cantando a mesma melodia no mesmo diapasão ou em oitavas paralelas...
>
> O próximo estágio foi a evolução de uma forma mais sofisticada ... (que) surgiu na segunda metade do século XI na França e na Inglaterra ... As regras do movimento paralelo das linhas melódicas foram gradualmente relaxadas e se introduziram intervalos variáveis entre as partes...
>
> Outras inovações começaram a surgir no século XII ... Nesse (novo) estilo, todo um grupo de notas podia ser cantado na segunda melodia contra uma única nota do canto original. As durações de tal grupo de notas variavam de poucas notas a longas variações, ou melismas, contendo dez ou vinte notas...
>
> No fim do século XII, uma escola de música polifônica muito importante surgiu em Paris ... (as) obras polifônicas para três ou quatro vozes simultâneas...
>
> Tal música tinha de ser pensada com antecedência e escrita com antecedência ... Mas escrever a estrutura da música polifônica era o equivalente a encontrar uma forma simbólica de representar e comparar durações ... Mas todas as durações devem manter uma relação simples e definível com um padrão básico de tempo ou com a duração de uma unidade de tempo...
>
> Notações para pausas, eram, naturalmente, também incluídas nesse sistema. As durações específicas das pausas eram exatamente tão importantes em um padrão rítmico quanto as dos sons ... os símbolos de pausa não são nada mais que instruções para medir intervalos de tempo independentemente de qualquer outra coisa. Não conhecemos nenhum filósofo do século XIII que pudesse ter escrito tal frase. Estavam todos magnetizados pela ideia circular de Aristóteles de que o movimento dos corpos mede o tempo e o tempo mede o movimento. (ibidem, p.103-7)

O primeiro ponto a ser destacado é o fato de que no século XI iniciam-se movimentos, mesmo que tênues, no sentido de se construírem as condições que viriam, mais tarde, romper de forma explícita com o pensamento feudal. O exemplo da música polifônica pode nos dar, bem como a presença da perspectiva na pintura, algumas pistas de como novas necessidades sociais não necessariamente vão ser sistematizadas pelo que hoje chamamos de discurso científico. Não estou procurando realçar que esta ou aquela manifestação cultural seja uma simples resultante deste ou daquele movimento social mais amplo. O que quero realçar é que este tal "movimento mais amplo" significa, entre outras coisas, mudanças nas manifestações culturais. Só poderemos entender as razões das transformações dos discursos se subordinarmos nossa análise ao contexto (no caso, a decadência do modo de produção feudal) em que ela, mais que se insere, coloca-se como resultante e condição.

Um outro aspecto abrange a questão da notação. É interessante verificarmos que o desenvolvimento de uma nova musicalidade envolve a geração de novos padrões de notação e que, portanto, a necessidade de conjugar uma diversidade de vozes cria marcas específicas que definem – no plano da linguagem – a combinação de linhas melódicas diferenciadas ou, em outras palavras, o "tempo" de cada uma das vozes passa a ser marcado. O registro do tempo, no entanto, só é possível se o imaginarmos como algo sincopado, compassado – a ideia de continuidade impede qualquer tipo de marcação. Como, com outras palavras, Szamosi afirma que as identificações temporais inscritas na ideia de ciclos (lunar ou solar) não definem relações sincopadas mas, simplesmente, identificações de intensidade de um fluxo contínuo.

Além de qualquer observação da cotidianeidade, o período abordado neste primeiro capítulo mostra-nos um confronto, do ponto de vista da sistematização, entre as experiências que denominarei de jogo das continuidades-descontinuidades. Os acontecimentos registrados entre os séculos X e XIV permitem-nos identificar um primeiro grande movimento em direção à revolução burguesa em gestação. Talvez seja mais simples entendermos o desenvolvimento dos fenômenos quando ele nos apresenta algum tipo de linearidade. Não é o caso das relações aqui apontadas. De um lado, a retomada do pensamento aristotélico é (especialmente no que se refere à sua física) normalmente identificada ainda como um tipo de raciocínio tipicamente feudal. Esse é um ponto de discordância. No meu entender, identificar Sacrobosco ou Santo Agostinho como expressões clássicas do feudalismo é deslocá-los da conjuntura social de sua época e do fato de que a defesa da hegemonia do pensamento cristão-católico-romano explícita em seus textos carrega, na verdade, as condições fundamentais de sua própria superação.

O nosso ponto de referência, neste primeiro capítulo, é justamente identificar que tanto a "retomada" do pensamento aristotélico como a criação da perspectiva e da música polifônica são singularidades de um movimento social muito mais amplo: a crise feudal ou, em outras palavras, a proposição de que, enquanto o feudalismo faz sua revolução para sobreviver, cria as condições básicas para seu desaparecimento.

2
A Carta-Portulano – o mundo e a distância entre os lugares

> Às vezes nossa memória é curta: para que as brilhantes teorias de *Galileus* e *Newtons* pudessem se desenvolver, as noções de tempo e espaço já deviam ter adquirido um certo rigor. Só sob esta condição torna-se possível uma Física ao mesmo tempo matemática e experimental.
>
> (Thuillier, 1994, p.58)

2.1 As cartas-portulano

Mais uma vez teremos de olhar para um mapa. Trata-se da imagem apresentada no Anexo como Figura 2.

Esse mapa constituiu, evidentemente, uma ruptura radical em relação aos mapas T-O que analisamos no capítulo anterior. O que nos salta aos olhos, em primeiro lugar, é a presença de linhas retas, formando triângulos e quadriláteros, impondo-nos uma reflexão igualmente imediata: a representação cartográfica, para o mapa que exemplificamos, não possui os mesmos objetivos dos anteriores, pois, em última análise, quem o confeccionou possuía a intenção explícita de representar um território considerando medidas precisas e, portanto, uma localização toponímica igualmente precisa.

Segundo a referência de nossa fonte (Kupcík, 1981, p.50-1), trata-se de uma carta denominada "Portulano de Pisa", em que se observa o mar Mediterrâneo, uma parte da Europa e da Inglaterra. Ela foi elaborada por volta do ano 1300 e encontra-se hoje na Biblioteca Nacional de Paris.

Algumas perguntas, no entanto, ficam no ar. Quais teriam sido os motivos para a construção dessas "cartas-portulano"?[1] Que novas leituras elas representam em relação a seus predecessores? Em que medida transformaram-se na base conceitual para que se atingisse a ideia de construir um "mapa projetado" como o de Mercator? (ver Figura 7 no Anexo).

Num primeiro momento, creio que vale ressaltar as dificuldades dos historiadores na tentativa de identificação da origem desse tipo de cartografia. Imagina-se que toda a tradição cartográfica da Europa Ocidental tenha se originado dos gregos – o que nos leva, imediatamente, à *Geografia* de Ptolomeu ou à obra de mesmo nome elaborada por Estrabão –, mas que durante a chamada "Idade Média" tais perspectivas tenham sido praticamente esquecidas.

O fato é que foram os árabes que garantiram a sobrevivência da cartografia ptolomaica mas, como podemos observar na Carta-Portulano, ela não expressa, de forma alguma, os padrões técnicos daquele tipo de tradição.[2] Isso, no entanto, não significa que os árabes desconheciam ou, o que é quase o mesmo, nunca tenham elaborado cartas-portulano. Entretanto, os historiadores não são unânimes em afirmar que tenham sido os árabes os criadores desse tipo de cartografia.

Na verdade, já temos notícias da presença desse tipo de cartografia, principalmente entre os genoveses, em pleno século XIII, e a relação entre sua formatação e seu uso é evidente: procuram responder às expectativas que D. João de Castro expressou, em 1534, no seu livro *Da Geographia por modo de diálogo*:

---

1 O termo "Portulano" deve ser, sempre, usado como adjetivação. Na verdade, ele é usado para identificar duas formas de sistematização territorial: as cartas e as crônicas. A primeira tem na Figura 2 um de seus exemplos clássicos.

2 Discutiremos, neste mesmo capítulo, um pouco mais adiante, alguns detalhes sobre a cartografia de Ptolomeu. Em princípio, podemos afirmar que seus mapas representavam as "terras emersas", enquanto os portulanos representavam as "águas". O fato de haver "terras" nas cartas-portulano e águas nos mapas ptolomaicos não interfere no objetivo fundamental da representação, definido pelo princípio que acabo de expressar.

achada maneira de por cada huma das terras e mares deste mundo em seu certíssimo lugar, ficarão mui faciles todas as navegações antigas, descubrirão se muitos mares e terras de novo, facilitarão se todos os comercios, descubriose outro mundo de novo, e fica agora tão facil dar huma uolta a todo o mundo, como era antigamente nauegar da Italia pera Affrica; e, finalmente, com muita facilidade agora se comunica com todo o mundo e se navega.

E esta he a verdadeira e perfeita Geographia, a qual principalmente consiste em demarcar as terras polla correpondencia que tem cada huma ao ceo, com a diuida largura e longura; e desta maneira se pode por em huma breve carta e pintura todo o mundo, e qualquer parte, prouincia, reyno ou comarca delle com muita certeza... (Marques, 1987, p.27)

Vejamos como o historiador português Alfredo Pinheiro Marques procura retratar a situação:

> A carta-portulano é uma carta profundamente diferente de todo o tipo de "cartografia" medieval. Baseada em experiência efectiva, e eficaz técnica representativa, ela constitui um revolucionário avanço sobre o período anterior. É uma carta diretamente motivada por necessidades de tipo náutico e hidrográfico ... nisto se distinguindo também, portanto, de todos os tipos medievais ... Nasceu e desenvolveu-se nos ambientes comerciais-marítimos mediterrâneos, italianos e catalano-maiorquino...
>
> ...
>
> A carta-portulano como técnica da cartografia articula-se com a náutica utilizada no Mediterrâneo: a chamada navegação de rumo e estima. Trata-se de uma marinharia que emprega como principais meios somente a bússola ("agulha de marear") e a carta ("carta-portulano"), sem utilização de observações e instrumentos astronómicos para determinação de coordenadas geográficas, mormente a latitude. Por isso a carta-portulano, usualmente desenhada sobre pergaminho, está coberta por uma característica rede de linhas de rumo, estendendo-se a partir de um ou dois, e mais tarde mais, centros de construção (que depois serão as rosas dos ventos). O piloto utilizava a linha de rumo escolhida na carta e definida com a bússola, limitando-se a mantê-la. (ibidem, p.40-1)

Bem... creio que já temos as informações que nos interessam.

O historiador nos aponta para o fato de serem as cartas-portulano uma verdadeira revolução e, para justificar sua avaliação, afirma que elas eram baseadas em "experiência efectiva, e eficaz técnica representativa". Eis a diferença: estamos diante de uma cartografia da experiência, isto é, trata-se da representação resultante da necessidade de deslocamento, o que, para a época a que estamos nos referindo, significa fundamentalmente identificar os caminhos possíveis entre os portos, garantindo os mecanismos básicos para a circulação de mercadorias e pessoas no ritmo em que isso se desenvolvia no período.

É uma revolução cartográfica como uma das dimensões da revolução burguesa. A constituição (construção e sedimentação) dessa nova maneira de viver exige, no caso presente, uma releitura da territorialidade, a qual, por sua vez, não precisa ir tão distante quanto os confins do paraíso. Basta, na verdade, apontar-nos um caminho seguro para o próximo porto, para um deslocamento eficaz das mercadorias, para a realização efetiva do processo de acumulação que vai tipificando-se na forma pela qual ficou conhecida, ou seja, como "capitalismo mercantil".

O interessante do processo, para o âmbito da discussão que aqui se desenvolve, é o fato de ele se expressar pelo viés da geometrização do território. A triangulação (fundada em técnicas muito semelhantes à moderna agrimensura) é dada pela escolha de pontos de referência conhecidos, em que se confunde uma determinada toponímia com um ponto geometricamente preciso, de onde devem partir linhas loxodrômicas, ou linhas de rumo, que por sua vez devem constituir uma "malha geométrica" sobre a qual identificar-se-ão os demais topônimos de interesse do cartógrafo.

Assim, diferentemente dos mapas T-O, as cartas-portulano expressam os primeiros momentos da sociedade mercantil em detrimento das relações de subsistência do feudalismo, dando os primeiros passos para o entendimento do mundo (e, efetivamente, de sua espacialidade) pelo viés de sua geometrização (leia-se matematização).

2.2 O mapa de Toscanelli – o exemplo, a fantasia, a reflexão

Voltemos ao Anexo para observarmos o mapa da Figura 3. Sobre ele, um dos comentadores que estou usando como referência traz as seguintes informações:

> O Mapa-múndi Genovês data do ano de 1457 e é uma peça de especial valor cartográfico, tanto pela originalidade de seu conteúdo como pelo

formalismo de sua estrutura. Conservado na Biblioteca Central de Florença, parece que este mapa não foi confeccionado por um cartógrafo profissional, mas sim por um artífice muito atento aos métodos de construção usados pelos técnicos da época. Sua forma é original e ovalada. Apresenta algumas configurações novas na representação de alguns espaços como a Espanha, e foi atribuído a Paolo dal Pozzo Toscanelli, o cosmógrafo consultor de Afonso V de Aragão. Não há dúvida que o mapa foi feito sobre a base de um mapa portulano, como demonstram as linhas loxodrômicas e a própria folha de pergaminho em que o mapa está desenhado. (VV. AA., 1967. p.95)

As diferenças entre o mapa T-O e o da Figura 3 (que denominarei aqui de mapa de Toscanelli) são, mais uma vez, gritantes, especialmente no que se refere a três pontos fundamentais: o direcionamento para o Norte, a precisão em relação aos contornos costeiros no Mediterrâneo e a presença evidente de recursos geométricos na sua construção (e, portanto, o uso da escala e de técnicas da geometria).

A fantasia, no entanto, amplia-se quase que na ordem direta da distância (o que, de certa maneira, significa cartografar o desconhecido). Um olhar um pouco mais minucioso sobre o mapa mostra-nos uma Europa e uma costa norte-africana marcadas pela presença de castelos. Com o distanciamento, as imagens de animais ferozes vão tomando o lugar principal até que sereias, grous e outros seres imaginários passam a marcar a identidade do oceano Índico, do sul da África ou mesmo do nor--nordeste da Ásia.

Não podemos aqui identificar claramente as razões que levaram este ou aquele ser imaginário a tomar conta do mapa de Toscanelli. O que nos interessa efetivamente é que o cartógrafo é um "leitor" do mundo entre outros leitores, isto é, ele não desenha o mundo da maneira que necessariamente o mundo é ou deveria ser, mas fundamentalmente como imagina que o mundo seja. E é nesse sentido que tanto os mapas T-O quanto os portulanos expressam mais que a mera distribuição (correta ou não) dos fenômenos, ou seja, a "leitura" que o cartógrafo faz dos próprios fenômenos em suas identificações territoriais.

A síntese proposta em qualquer cartograma exige, evidentemente, a definição de uma escala de valores no que se refere ao "real" a ser representado. Um mapa é, antes de tudo, um tema, e seu desenvolvimento dependerá da forma pela qual o cartógrafo define – independentemente, neste contexto, dos motivos que o levam a realizar suas próprias escolhas – o que é significante e a maneira pela qual sua escala de valores se transformará numa mensagem mais ou menos explícita a seus leitores.

A observação da Figura 3, portanto, mostra-nos que a precisão matemática (um pressuposto que, aparentemente, domina todo o cartograma em função das linhas loxodrômicas) não se realiza de fato, uma vez que as cartas-portulano, do ponto de vista técnico, procuravam apenas resolver os problemas que envolviam o pleno desenvolvimento comercial na área do Mediterrâneo. As áreas agregadas (sul da África e grande parte da Ásia), além de desconhecidas, realizavam mais o papel de consolidar o imaginário corrente na Europa em torno dos territórios longínquos que, propriamente, identificar com precisão os caminhos que levariam diretamente as caravelas a esses lugares.

A importância das cartas-portulano, no entanto, deve ser evidenciada por dois aspectos mais gerais:

1 Apesar do fato de ser do conhecimento dos navegadores que os dados relativos às terras desconhecidas não passavam de fantasia dos cartógrafos, foram os portulanos (cartas e crônicas) as bases cartográficas fundamentais para que viagens como as de Colombo, Vespúcio, Vasco da Gama e de outros tivessem, ao menos no início, um mínimo de confiabilidade.

2 Eles expressam uma tendência que, no primeiro capítulo, já cheguei a ressaltar: o nascimento da burguesia não se faz sem que se construam novas imagens do mundo e, portanto, do próprio significado de conhecimento científico. Nesse âmbito, é a retomada da matemática como linguagem científica universal, no redimensionamento dos conceitos de espaço e tempo, que vai se expressar numa nova maneira de desenhar o mundo – a geometrização das formas –, materializando nos cartogramas as novas necessidades impostas pelo capitalismo mercantil nascente.

Novos mapas, nova geometria, nova música, nova cronologia: novas linguagens para entender e consolidar um mundo que, para os homens da época, vai se transformando paulatinamente.

Ao que parece, o que temos resumido em poucas linhas é um longo processo de subversão mais ou menos explícito das relações feudais, cujo ápice – no plano discursivo – será representado pela presença de Nicolau de Cusa, Copérnico e Galileu, e – no plano do redimensionamento da própria concepção de planetariedade – por Vasco da Gama, Américo Vespúcio, Cristóvão Colombo, Pedro Álvares Cabral e muitos outros.

Enquanto Copérnico redefinia o posicionamento do planeta (e, portanto, de seus habitantes) no Universo, Galileu, pouco mais tarde, refazia o discurso da subjetividade/objetividade científica em nome da construção necessária da positividade na construção conceitual, ao passo que, um século antes, a escola de Sagres[3] e os navegadores haviam realocado o posicionamento dos europeus na superfície do próprio planeta.

Se é possível afirmar que uma reconceitualização de espaço e tempo não se fez sem que novas práticas sociais surgissem nos interstícios das relações feudais, pode-se ainda deduzir que tais resultantes se transformaram em mais um dos elementos que permitiram novas e mais radicais transformações.

Para que se possa explicitar melhor os conceitos que nesse período se consolidam, teremos de retomar seus próprios sistematizadores, e isso só será possível se nos ativermos à reflexão sobre as afirmações daquele que, entre os historiadores da ciência, é considerado o último dos pensadores do feudalismo e, por isso mesmo, o primeiro a lançar as bases do período identificado como Renascimento, ou seja, Nicolau de Cusa.[4]

---

3 A existência ou não da chamada "Escola de Sagres" é, efetivamente, uma incógnita. Em Marques (1987) encontramos um posicionamento claro e firme de que tal escola, efetivamente, não existiu, tratando-se, na verdade, de uma lenda, cujas referências históricas documentais são desconhecidas.

4 "Nicolau de Cusa é considerado o fundador e o precursor da filosofia moderna, porém esta perspectiva não pode apoiar-se, certamente, na peculiaridade e no conteúdo dos problemas que estão expostos e desenvolvidos em sua doutrina. Nos encontramos aqui com os mesmos problemas que preocuparam toda a Idade Média: as relações com Deus e o mundo continuam sendo consideradas do ponto de vista específico, e como centro de todas as investigações, da doutrina cristã da redenção. Ainda que o dogma não defina incondicionalmente o percurso e a direção de toda especulação, acaba por indicar, desde o princípio, suas metas últimas.
A filosofia do Cusano nasce e se desenvolve em torno dos problemas da cristologia, em torno dos problemas da Trindade e da Encarnação. A característica desta posição histórica do sistema é não se orientar diretamente até o novo conteúdo, mas introduzir na matéria tradicional uma mudança e um desenvolvimento que a faz exequível às exigências de um novo modo de pensar e de uma nova colocação do problema" (Cassirer, 1986, p.65, T. A.).

2.3 Nicolau de Cusa: enfim, a Terra se movimenta

> Que o universo é uma triunidade e que nada há que não seja uma unidade de potencialidade, realidade e movimento de conexão; que nenhuma dessas pode subsistir absolutamente sem as outras; e que todas essas qualidades estão presentes em tudo em graus diferentes, tão diferentes que no universo não há duas [coisas] que possam ser completamente iguais entre si em tudo. Consequentemente se considerarmos os diversos movimentos dos orbes [celestes], (constatamos que) é impossível para a máquina do mundo possuir qualquer centro fixo e imóvel, seja este centro a terra sensível, o ar, o fogo ou qualquer outra coisa, pois não pode existir nenhum mínimo absoluto em movimento, isto é, nenhum centro fixo, porque o mínimo deve necessariamente coincidir com o máximo.
>
> (Cusa, apud Koyré, 1986, p.21-2)

É de 1440 a publicação do mais importante texto de Nicolau de Cusa: *De Docta Ignorantia* (ou Sobre a *ignorância culta*, numa tradução livre). Estou me referindo, portanto, ao século XV, o que significa afirmar que a obra de Nicolau de Cusa é contemporânea dos primeiros e efetivos movimentos que mais tarde seriam conhecidos como a época das "grandes navegações".

Se, como já vimos, o Tratado da esfera de Sacrobosco já nos havia colocado frente a frente com a necessidade de explicitação fenomênica, no plano da ordenação discursiva, partindo da própria aparência do fenômeno, é na obra de Nicolau que veremos a justa medida – ou, melhor, as consequências – de tal leitura de mundo no plano da fé.

Voltando mais uma vez a Sacrobosco (ou a Aristóteles, ou a Ptolomeu), veremos que a geometrização colocada em foco destaca-se pela inferência de uma dicotomia: a do movimento em contraposição à do repouso. Na medida em que uma elimina a outra é possível afirmar, com base na observação direta, que a Terra está no centro do Universo em repouso e, por sua vez, as esferas que se encontram a partir da Lua estão em movimento. O ajuste geométrico necessário ao desenvolvimento de tal reflexão reitera a ideia de esferas concêntricas não somente enquanto "percurso dos astros", porém, muito mais do que isso, o que se obtém é a própria dimensão do movimento por eles executados.

A afirmação de Nicolau de Cusa colocada em epígrafe neste item, no entanto, aponta uma contradição lógica não prevista – por razões históricas – no pensamento aristotélico/ptolomaico. Tal contradição pode, perfeitamente, ser traduzida no seguinte questionamento: em que medida a perfeição do Criador se expressa, de fato, na criatura?

A resposta é contundente: "se considerarmos os diversos movimentos dos orbes [celestes], (constatamos que) é impossível para a máquina do mundo possuir qualquer centro fixo e imóvel" (op. cit.). E o argumento que dará base a tal ruptura se fundamenta na observação fenomênica: "nada há que não seja uma unidade de potencialidade, realidade e movimento de conexão; que nenhuma dessas pode subsistir absolutamente sem as outras; e que todas essas qualidades estão presentes em tudo em graus diferentes, tão diferentes que no universo não há duas [coisas] que possam ser completamente iguais entre si em tudo" (op. cit.).

Pois bem, a indução de que no universo "não há duas coisas que possam ser completamente iguais entre si em tudo" coloca, de imediato, o problema da perfeição. A Criatura, ao se expressar pela diferencialidade, não pode advogar para si o estatuto da homogeneidade e, portanto, não poderá, sob nenhuma hipótese, mostrar-se na forma de movimento ou de repouso absolutos, da mesma maneira que não poderá estar colocada no centro absoluto ou na sua decorrência lógica, isto é, a periferia absoluta, pois, de qualquer maneira, essa (a condição de ser absoluto) é uma prerrogativa do Criador.

Voltemos a Nicolau e às suas observações:

> O mundo não possui circunferência, porque se possuísse um centro e uma circunferência, e assim possuísse começo e fim em si mesmo, seria limitado com relação a alguma outra coisa, e fora do mundo haveria alguma outra coisa, e espaço, coisas que não existem de modo algum. Portanto, uma vez que é impossível encerrar o mundo entre um centro e uma circunferência corpóreas, é [impossível para] nossa razão ter uma plena compreensão de Deus, que é seu centro e sua circunferência. (Cusa, apud Koyré, 1986, p.22)

O texto mantém sua contundência, deslocando para o plano de Deus a possibilidade da perfeição geométrica mas, o que pretendo realçar é o fato de que a retomada da astronomia ptolomaica mostrou-se, para

Nicolau de Cusa, insuficiente enquanto explicitação de uma cosmogonia suficientemente coerente para dar conta da relação Criador-Criatura, e, diferentemente de muitas outras reações de sua época, a alternativa que se observa é a procura de uma redefinição do próprio significado de Criador e de Criatura.

A polêmica em torno da medida em que Criador e Criatura se confundem ou não está muito longe de se encerrar nas assertivas de Nicolau. Na verdade, ele tem a felicidade de colocá-la sobre um novo patamar que permite a construção de uma reflexão independente para a construção de ambas as ontologias.

Vejamos:

> conquanto o mundo não seja infinito, não pode porém ser concebido como finito, uma vez que não possui limites entre os quais se confine. A Terra, por conseguinte, que não pode ser o centro, não pode carecer de todo movimento; mas é necessário que se mova de modo tal que pudesse ser movida infinitamente menos. Da mesma forma que a Terra não é o centro do mundo, também a esfera das estrelas fixas não é sua circunferência, ainda que, se compararmos a Terra com o céu, a Terra pareça estar mais perto do centro, e o céu da circunferência...
>
> Além do mais, o próprio centro do mundo não se encontra mais dentro da terra do que fora dela; pois nem esta Terra, nem qualquer outra esfera, possui um centro; na verdade, o centro é um ponto equidistante da circunferência, mas não é possível que haja uma verdadeira esfera ou circunferência tal que uma mais verdadeira, e mais precisa, não pudesse ser possível; uma equidistância precisa de [objetos] vários não pode ser encontrada fora de Deus, pois somente Ele é a igualdade infinita. Assim, é o Deus abençoado que é o centro do mundo ... Assim, os polos das esferas coincidem com o centro e não há outro centro senão o polo, o próprio Deus Abençoado. (Cusa, apud Koyré, 1986, p.22 e ss.)

Como é que pode algo que não tem limites também não ser infinito? O segredo para tal paradoxo está efetivamente na contraposição entre Deus e a Natureza (ou, como identifiquei até aqui, Criador e Criatura). Infinitude só é possível enquanto uma dimensão da perfeição e, por isso mesmo, não pode ser um dado da Natureza mas, só e tão somente, de Deus.

Por que, então, Nicolau de Cusa não se manteve na confortável situação de garantir os limites propostos por Ptolomeu? Justamente porque os limites impõem a perfeição no plano da forma, o que é igualmente inconcebível para os parâmetros em jogo. Se a perfeição é um dado de Deus, é melhor pensar a Natureza pelo viés da indefinição e não enquanto materialidade (inconcebível) do Criador.

É exatamente nesse sentido que a Terra, finalmente, se move. Do ponto de vista de Nicolau, tal movimento é necessário para que se possa conceber a possibilidade infinita de sua anulação e, portanto, sua própria impossibilidade ou, como ele mesmo afirma: "A Terra, por conseguinte, que não pode ser o centro, não pode carecer de todo movimento; mas é necessário que se mova de modo tal que pudesse ser movida infinitamente menos" (ibidem).

Diferentemente de Zenão,[5] Nicolau não nega o movimento (aqui enquanto expressão da diferencialidade) mas o separa geometricamente do repouso. Assim, o que impossibilita a Terra estar em repouso é justamente o fato de que o movimento é pressuposto da sua condição de ser Criatura ou, o que é o mesmo, Natureza. Nesse sentido, por menor que seja seu movimento, para atingir o repouso ela terá de ser desacelerada infinitamente, o que, por pressuposição, é impossível.

Da mesma forma que não é possível levar a Terra ao estado de repouso absoluto, pois teria de ser infinitamente desacelerada, também não poderemos identificá-la como um círculo ou uma esfera perfeita porque, para tanto, ela teria de ser infinitamente aperfeiçoada.

> É preciso agora considerar atentamente o que segue: tanto quanto as estrelas se movem em torno dos pólos conjecturais da oitava esfera, também a Terra, a Lua e os planetas, movem-se de várias formas e a distância [diferentes] em torno de um polo, polo que temos de conjecturar como se encontrando [no lugar] onde se está acostumado a colocar o centro. Segue-se portanto que embora a Terra seja, por assim dizer, a estrela mais próxima do polo central [do que as demais], ela ainda se move, mas não descreve em (seu) movimento o círculo mínimo, como foi demonstrado supra. (Cusa, apud Koyré, 1986, p.25-6)

---

5 Algumas explicitações sobre Zenão de Eleia e suas vinculações com a ciência moderna podem ser vistas no texto de Christopher Ray (1993) *Tempo, espaço e filosofia*. Hegel (1985, v.I), por sua vez, retira desse embate importantes reflexões que, sem dúvida, influenciarão seu posicionamento em torno da conceituação de espaço e tempo.

O trecho que acabamos de citar mostra-nos a exata pretensão de Nicolau de Cusa. Seu texto parece confuso, já que de sua leitura pode-se concluir que a Terra se move, mas não é possível descrever a maneira pela qual isso acontece. Diferentemente dos demais elementos de referência (que nos indicam a direção e a velocidade dos movimentos da Lua, Vênus, Mercúrio e do próprio Sol), o que sabemos num primeiro momento sobre o nosso planeta é que ele é aqui denominado de estrela – denominação geral, na época, de todos os corpos celestes que se movem –, mas sua direção e velocidade parecem, aqui, fora do campo das preocupações.

No entanto, é na continuidade do texto que a surpresa se realiza de forma plena:

> Os antigos não chegaram às coisas que expusemos, porque eram deficientes na douta ignorância. Mas para nós está claro que a Terra se move, ainda que ela nos pareça não fazê-lo, pois só apreendemos o movimento em comparação com alguma coisa fixa. Assim, se um homem num bote, no meio de uma corrente, não soubesse que a água corria e não visse a margem, como apreenderia ele que a embarcação se movia? Consequentemente, como sempre aparecerá ao observador, esteja ele na Terra, no Sol ou em outro astro, que ele se encontra no centro quase imóvel e que todas [as outras coisas] estão em movimento, ele certamente determinará os pólos [desse movimento] com relação a si mesmo; e esses polos serão diferentes para o observador do Sol e para aquele na Terra, e ainda diferentes para os que estiverem na Lua e em Marte, e também para os restantes. Assim, a trama do mundo (*machina mundi*) quase terá seu centro em toda parte e sua circunferência em parte alguma, porque a circunferência e o centro são Deus, que está em toda parte e em parte alguma. (Cusa, apud Koyré, 1986, p.29-30)

A ideia é clara: se estamos na Terra, vemos o restante do Universo como se estivéssemos no centro. Se, no entanto, deslocássemo-nos para outro astro nada mais aconteceria além de imaginarmos, mais uma vez, que estaríamos observando o Universo a partir de seu centro. O mesmo fato parece ser verdadeiro também quando nos referimos à luminosidade do Sol: tudo dependerá da posição em que nos encontramos como observador e, portanto, de qual é a situação do sujeito.

Ao que se vê, os dualismos perfeição/imperfeição, repouso/movimento, Criador/Criatura e Deus/Natureza resultaram num certo tipo de relativismo, apontando para a impossibilidade de o sujeito representar seu objeto. Trata-se de um ceticismo? Não me parece que seja esta a questão, já que na negatividade de Nicolau há uma efetiva positividade, aquela que ele, magistralmente, identificará como *Docta Ignorantia*.

O problema não está colocado em torno da dúvida sobre a possibilidade do conhecimento, mas no âmbito de redefinir-se a identidade do que se conhece e, fundamentalmente, daquele que conhece. Esse é o movimento que parece consolidar-se e amadurecer no interior desse conjunto de relações – mais adiante veremos na obra de Kepler como tal dilema é retomado.

O fato de o ilimitado não ser infinito traz para o interior da discussão mais que uma simples sutileza de linguagem: estamos, na verdade, tendo de responder o que a retomada da matemática, da perspectiva e da invenção do tempo sincopado coloca para a cosmologia feudal como verdadeiros impasses lógicos e, consequentemente, ontológicos. É preciso redefinir o sujeito, não só do ponto de vista de identificá-lo enquanto ser, mas pelo processo que subordina tal identificação à sua própria localização enquanto sujeito. De onde olhamos o mundo? É possível vê-lo de mais de um lugar? Como construir o discurso da relatividade do observado na relatividade do observador?

É precisamente no contexto de tal questionamento que vamos encontrar o mesmo Nicolau de Cusa como cartógrafo. Num trabalho absolutamente inédito para sua época, o sacerdote copiou os 27 mapas de Ptolomeu – fato comum naquele período – mas, diferentemente dos originais disponíveis, deu a eles uma nova leitura, um novo desenho, uma nova formatação.

Kupcík (1989, p.87) e Brown (1979, p.154-5) nos contam que Nicolau de Cusa, ao revisar os mapas de Ptolomeu, colocou-os sob uma nova grade de forma trapezoidal, revisando, igualmente, toda a linguagem iconográfica do mestre (criando uma nova maneira de desenhar lagos, montanhas e fronteiras).

Reler, rever, redefinir. Estas foram as palavras de ordem que fizeram desse período e de Nicolau de Cusa uma situação e um conjunto de respostas singulares. É fato que ele possuía a leitura que Sacrobosco havia feito da cosmologia aristotélico-ptolomaica, mas com ela não se satisfez. É certo, também, que ele deve ter tido acesso às releituras que em sua época foram feitas para a *Geographia* de Ptolomeu, entretanto, mais uma vez, Nicolau não se satisfez e redefiniu os parâmetros.

As Figuras 4 e 5 do Anexo mostram-nos mais que simples cartas ptolomaicas readaptadas. A sugestão geométrica – colocando o círculo numa leitura trapezoidal – aponta para a necessidade de precisão, eficiência, um vínculo funcional entre a mensagem (carta) e o leitor. Era, evidentemente, necessário revolucionar e, como já vimos, os portulanos vieram para isso. No caso presente, as figuras nada mais nos mostram que o fundamental: uma tentativa de ruptura que não se desliga da legitimidade do que já estava secularmente dado como verdadeiro, mas também procura uma superação que se realiza, de um lado, pela linguagem e, de outro, pelas tentativas de precisar a relação entre toponímia e topologia – relação esta que os mapas de Ptolomeu já apresentavam com evidentes dificuldades.

2.4 Mapas, cartas, tratados, poemas e crônicas: a conquista dos novos territórios e suas novas leituras

I

As armas, e os Barões assignalados,
Que da occidental praia Luzitana
Por mares nunca de antes navegados
Passaram ainda além da Taprobana;
Em perigos, e guerras esforçados,
Mais do que promettia a força humana;
E entre gente remota edificaram
Novo reino, que tanto sublimaram

II

E tambem as memorias gloriosas
D'aquelles Reis, que foram dilatando
A Fé, o imperio; e as terras viciosas
De Africa, e de Asia andavam devastando:
E aquelles, que por obras valerosas
Se vão da lei da morte libertando;
Cantando espalharei por toda a parte,
Se a tanto me ajudar o engenho, e arte

III

Cessem do sabio Grego, e do Troiano
As navegações grande, que fizeram;

> Calle-se de Alexandro, e de Trajano
> A fama das victorias, que tiveram;
> Que eu canto o peito illustre Lussitano,
> A quem Neptuno, e Marte obedeceram:
> Cesse tudo o que a Musa antigua canta;
> Que outro valor mais alto se alevanta.
>
> (Camões, 1898, p.3)[6]

O mapa da Figura 6 foi elaborado em 1492 por Martin Behain com o auxílio do miniaturista Georg Glockendon. Seu objetivo foi o de representar o globo terrestre numa superfície esférica com 170 mm de diâmetro. Naquele mundo a América ainda não existe e a distância entre a Península Ibérica e a costa oriental da Ásia é bem menor que a que hoje conhecemos. Uma outra curiosidade é a distribuição das bandeiras portuguesas, especialmente pela costa ocidental africana: a África é, já aqui, uma extensão da Europa.[7]

Curiosidade? Mais que isso. O mapa de Behain é um verdadeiro monumento apologético, gerando geometricamente a leitura de mundo que, guardadas as devidas proporções, identifica o planeta até os nossos dias. Para compreendê-lo melhor, talvez valesse a pena refletir sobre as formas desse pequeno globo terrestre com o apoio de um texto famoso da mesma época:

> Ciente de que lhe agradará saber da grande vitória com a qual aprouve a Nosso Senhor coroar minha viagem, escrevo-lhe esta, pela qual ficará a

---

6 Durante as pesquisas preliminares para a elaboração do presente texto, defrontei-me com uma simples, mas maravilhosa, edição dos Lusíadas, datada de 1898. Duas coisas chamaram-me a atenção para o livro: o fato de ter sido editado num formato de bolso (quase como um missal) e o apêndice, riquíssimo em informações. Por essa razão, resolvi usá-lo sem magoá-lo, nem mesmo no que se refere à ortografia.

7 "O rude processo da conquista europeia começou em 1402, data que podemos adotar como a do nascimento do moderno imperialismo europeu. Os mouros ainda controlavam o Sul da península Ibérica e os turcos otomanos avançavam sobre os Bálcãs, mas a Europa começara a marchar – ou, melhor, navegar – rumo à hegemonia mundial. Cerca de 80 mil guanchos, dizem as estimativas, resistiram a essa primeira investida, como se fossem piquetes protetores de trincheiras ocupadas, na retaguarda, por astecas, zapotecas, araucanos, iroqueses, aborígines australianos, maoris, fijianos, havaianos, aleutas e zunis. Em 1402, uma expedição francesa sob auspícios espanhóis desembarcou na menor das duas Canárias orientais. Em poucos meses, os europeus conquistaram a ilha, apesar de seus problemas internos e da resistência de cerca de trezentos nativos. Os invasores tinham agora uma base segura no arquipélago. Duas outras ilhas, de população menor, caíram nos anos seguintes" (Crosby, 1993, p.80-1).

par de como, em trinta e três dias, viajei das ilhas Canárias até as Índias com a frota que nossos nobilíssimos soberanos me confiaram. E lá achei muitas ilhas povoadas por numerosas gentes, e de todas tomei posse em nome de Suas Altezas, mediante proclamação e com o estandarte real desfraldado; e nenhuma oposição me foi oferecida. À primeira ilha que descobri dei o nome de San Salvador, em memória da Divina Majestade que tão maravilhosamente concedeu tudo isto; os nativos lhe chamam "Guanahani". À segunda nomeei Isla de Santa Maria de Concepción; a terceira, Fernandina; a quarta, Isabella; a quinta, Isla Juana; e assim a cada qual fui dando um novo nome. (Colombo, apud Greenblatt, 1996, p.75)

1492! Behain fazia seu mapa e ele já se tornava, inexoravelmente, obsoleto do ponto de vista da distribuição territorial das terras emersas, mas, igualmente de forma inexorável, fundia-se a Colombo enquanto linguagem para sistematizar a mais "nova ordem mundial" de que se tem notícia.

Enquanto os navegantes portugueses recebiam ordens de Sua Majestade para cravar a bandeira de Portugal em cada nova abordagem da costa africana, as majestades espanholas não fizeram por menos: para cada ilha um novo nome, isto é, um novo proprietário, referendado pela ritualística jurídica europeia que toma "posse em nome de Suas Altezas, mediante proclamação e com o estandarte real desfraldado; e nenhuma oposição me foi oferecida": o navegante genovês sentiu-se justificado juridicamente pelo ato de posse, uma vez que não foi contestado por ninguém.

Muito se pode refletir sobre tal posicionamento, como o faz maravilhosamente o autor aqui citado, com base nos costumes e referenciais jurídicos que fazem parte da leitura que Colombo tinha do mundo. Tais referências, no entanto, tomam aqui um segundo plano, já que, da mesma maneira que no mapa de Behain, o que estava em jogo era uma nova dinâmica, ainda realizada sobre o fio de uma navalha histórica: os elementos culturais justificadores da apropriação territorial, nos moldes em que ela se realiza nesse período, ainda estavam em construção e, por isso mesmo, expressam um certo tipo de ambiguidade, no qual a ritualística jurídica medieval funde-se com o inesperado, com o desconhecido, com a contestação frontal e empírica das leituras de mundo que na época estavam em voga.

A carta de Colombo e o mapa de Behain, portanto, não só se confrontam com uma nova realidade como também inauguram os primeiros rudimentos de como essa realidade seria (ou deveria ser) entendida. A nova territorialidade será lida na ótica da absorção (pela via da reculturalização ou da simples eliminação física) do diferente. Trata-se da identificação sistemática da alteridade, com as regras de sintaxe ditadas pelos conquistadores. A literatura da época já aponta, por exemplo, a ideia "de um conjunto de descobrimentos" e, de fato, para os europeus, a ampliação territorial de seus domínios exigiu, antes de mais nada, a descoberta. O interessante nisso tudo não é o ato de descobrir, mas a identidade do descoberto, isto é, há uma profunda diferença semântica entre "descobrir um novo caminho para as Índias" e "descobrir a América".

No primeiro caso, é fato que o caminho deveria ser novo e que a expressão "Índia" identificava o outro, o não europeu. No segundo, é fato que as terras eram desconhecidas dos europeus, mas é enganoso que qualquer um deles, naquela época, tenha chegado à América, pois, no final das contas, esse território simplesmente não existia e identificá-lo com esse nome só foi possível quando o outro deixou de ser referência para tornar-se apenas mais um conteúdo da extensão territorial europeia. É como se a América sempre tivesse existido e estivesse sendo guardada para o usufrutuário que, no momento certo da história, chegaria para reclamar o que já era seu de direito.

---

8 Greenblatt (1996, p.85) afirma que: "Quando, quase imediatamente após o seu regresso, a carta de Colombo é publicada em várias línguas pela Europa afora, ela efetivamente promulga a reivindicação espanhola e afirma que a hora da contestação passou irrevogavelmente. O ritual de posse, conquanto aparentemente dirigido aos nativos, assume seu pleno sentido quando em relação com outras potências europeias, quando estas vêm a inteirar-se da descoberta".

É nesse contexto que verificamos mais um exemplo grandioso dessa reconstrução cultural imbricada nas novas regras que foram surgindo com a ampliação e consolidação econômico-política da burguesia mercantil. Se, como vimos anteriormente, "na década de 1420, após um conflito entre Florença e Milão, uma fronteira retilínea, totalmente 'abstrata', foi (pela primeira vez) estabelecida entre os dois estados" (ibidem), é de 1494 o Tratado de Tordesilhas[9] – em que se faz uso de uma abstração geométrica para transferir as disputas possíveis (e previsíveis pelos

---

9 Quanto ao Tratado de Tordesilhas, vale observar os comentários de Dreyer-Eimbcke (1992): "No início da Idade Moderna (1492) coube aos portugueses e espanhóis a primazia absoluta nas iniciativas de descobrimento. Sempre trataram de garantir para si o domínio sobre terras descobertas. A Espanha obteve em 4 de maio de 1493 junto ao papa Alexandre VI, o espanhol Rodrigo Bórgia (1430-1503), o reconhecimento de suas pretensões ao monopólio comercial, com a incumbência de enviar também missionários às terras recém-descobertas para evangelizá-las. Traçando uma linha imaginária do Polo Norte ao Polo Sul, a uma distância de 100 léguas a oeste das ilhas de Cabo Verde (a mais ou menos 47 graus de longitude oeste), dividiu o mundo em duas partes para fazer respeitar as áreas de interesse das duas potências. Com os protestos enérgicos de Portugal, o mesmo papa arbitrou em 1494 um acordo que deslocou a linha para 370 léguas a oeste das ilhas de Cabo Verde. Assim ficou Portugal com o domínio das terras do Brasil, mesmo antes de este ser descoberto. Tem-se a impressão de que o papa, em questões de cosmografia, não se apresentava tão infalível quanto em assuntos dogmáticos. A linha de demarcação, usada frequentemente como meridiano inicial nos mapas gerais, não poderia ser mais exata do que permitiam os mapas existentes na época. A partilha do mundo, decretada sem qualquer fundamento geográfico antes do descobrimento do próprio continente na longínqua cidade de Tordesilhas, resultou no entanto num incrível equilíbrio entre as duas potências coloniais na América do Sul: o poder da Espanha se estendia sobre 8,7 e o de Portugal sobre 8,5 milhões de km^2.
O registro da linha demarcatória aparece pela primeira vez no mapa manuscrito Cantino Planisphere de 1502 que se encontra na Biblioteca Estense, em Modena. Trata-se de um dos exemplos mais antigos da cartografia portuguesa ... Com certeza absoluta, o mapa foi confeccionado no verão de 1502. A Terra Nova e o Brasil encontram-se em mãos portuguesas, enquanto o resto da América é posse espanhola.
...
Os espanhóis acabaram desistindo da procura por uma passagem ao norte, não porque o litoral inóspito da Terra Nova os repelisse, mas porque predominava a convicção de que o norte da América se estendia tanto em direção ao leste que já entraria no domínio português. Hoje sabemos, naturalmente, que estavam enganados ... No ano de 1500, teria desembarcado na Groenlândia o navegador português Gaspar de Corte Real, nascido por volta de 1450 nos Açores. Sabemos atualmente que a linha demarcatória passava pelo sul da Groenlândia, de modo que estaria justificada a reivindicação da costa leste. Mas, em vista das dificuldades para determinar corretamente os meridianos naquela época, Corte Real estava convencido de que toda terra descoberta no hemisfério norte devia estar situada do outro lado da linha de demarcação.

portulanos disponíveis) de dentro para fora da Europa, e, não menos sintomático, é de meados do século XVI a divisão das novas terras portuguesas em capitanias hereditárias.

Dividir um mundo desconhecido: eis a questão. Medir, projetar, desenhar, identificar, geometrizar: eis a solução. Sabemos que o Tratado de Tordesilhas foi superado pela prática social de apropriação territorial portuguesa, sabemos que as capitanias hereditárias soçobraram pelos mesmos motivos pelos quais foram criadas, já que, tal como o ritual de posse de Colombo, elas expressavam a simbiose do "velho" com o "novo", isto é, da lógica gestionária do feudo para os fins econômicos do capitalismo mercantil nascente.

De qualquer maneira, o que nos chama a atenção é a síntese proposta pelas linhas retas e paralelas que vão sendo incorporadas à cartografia das conquistas,[10] configurando fronteiras onde ainda não se sabia (?) se haveria terras para justificá-las, mas, independentemente disso, redefinindo o lugar onde terminaria a área de influência europeia. Esse é o papel da carta de Colombo, do mapa de Behain, do Tratado de Tordesilhas, das capitanias hereditárias e do legado daquele que considero o mais importante poeta da época, com seu mais precioso produto: Luís de Camões e *Os Lusíadas*.

Mas como discutir a crônica de uma conquista? Não tenho dúvida de que com um simples olhar sobre os primeiros versos dessa epopeia – reproduzidas na epígrafe deste item – já teríamos assunto suficiente para identificar essa nova espacialidade em plena construção no século XV.

Eis o quadro: os velhos deuses – entre glórias e mesquinharias – participando da conquista das costas africanas. Um corte delirante do poeta? Mais que isso: a busca da legitimidade para o processo de europeização

---

As consequências históricas foram significativas, pois os espanhóis deixaram a parte setentrional do norte da América para os portugueses, e estes pouca atenção deram a uma região que ficava totalmente à margem das rotas paras as Índias. Assim, os franceses e os ingleses não tiveram dificuldade em se fixar nessa área. De um erro geográfico nasceram a Nova França (Canadá francês) e a Nova Inglaterra!" (p.123 e ss.).

10 Algum tempo depois, essa prática reproduziu-se com as conquistas territoriais inglesas na divisão administrativa de suas colônias na América e o mapa dos Estados Unidos expressa, até hoje, essa tipologia de recorte e identificação territorial. O processo de colonização da África é, por sua vez, um exemplo mais recente desse tipo de "planejamento territorial" da conquista, ainda plenamente visível nos mapas de identificação dos países desse continente.

do mundo. Assim, descrevendo lutas, mortes, traições (e, portanto, heroísmos), verso por verso – onde o decassílabo heroico geometriza cada um deles na cadência de uma marcha militar –, os lugares tomam a significação da conquista e, sem ela, não teriam qualquer sentido em parte alguma do poema.

Os inimigos? Os mesmos que já haviam sido enfrentados por Odisseu e Aquiles, além da população autóctone. As raízes da destruição e apropriação, portanto, sobrepõem-se à vontade dos mortais. Trata-se de heróis, deuses, semideuses, jogando com o destino do mundo, num processo de legitimação do ato, cuja efetividade histórica far-se-á quando as rotas escravistas demonstrarem que a unidade territorial imposta pelos europeus nem de perto poderia ser combatida pela fragmentação daqueles que não se propuseram sequer a questionar Colombo (ou Vasco da Gama, ou Cortez, ou Pedro Álvares Cabral, entre tantos outros).

Todavia, para o desenvolvimento do presente texto, não escolhi a descrição das lutas, dos acordos ou das traições. Procurei identificar um texto cujo objetivo fundamental, no meu entender, está na legitimação pela forma, e não pelo ato, como outros exemplos nos permitiam discutir. Diferentemente de Tomás More (1972, p.167), num ponto qualquer da costa africana, o clima, a vegetação, o relevo e a população encontrados fundem-se com as necessidades dos marinheiros numa verdadeira apologia ao deleite. Trata-se do canto IX, o qual foi resumido pelo próprio autor nos seguintes termos:

> Livre já das traições, e perigos que o ameaçavam, sahe Vasco da Gama de Calecut, e volta para o reino com as alegres novas do descobrimento da Índia Oriental: encaminha o Venus a uma ilha deliciosa: descripção da mesma ilha: desembarque dos navegantes: festivas demonstrações com que alli são recebidos das Nereidas os soldados, e de Tethys o Gama. (Op. cit., p.308)

Os versos aos quais nos ateremos pertencem, tal como a sinopse feita por Camões, à descrição da ilha.

LI

Cortando vão as náos a larga via
Do mar ingente para a patria amada,

Desejando prover-se de agua fria
Para a grande viagem prolongada;
Quando Kuntas com subitaalegria,
Houveram vista da ilha namorada,
Respendo pelo ceo a mãe formosa
De memnonio, suave e deleitosa

LII

De longe a ilha viram fresca e bella,
Que venus pelos ondas lh'a levava,
(Bem como o vento leva branca vela)
Para onde a forte armada se exergava;
Que, porque não pasassem, sem aque n'elle
Tomassem porto, como desejava,
Para Onde as náos navegam a movia
A Acidália, aque tudo em fim podia.

LIII

Mas firme a fez e immobil, como vio,
Que era dos nautas vista, e demandada;
Qual ficou Delos, tanto que pario
Latona a Phebo, e a deosa á caça usada,
Para l-á logo a proa o obrio,
Onde a costa fazia uma enseada
Curva e quieta, cuja branca area
Pintou de uivas conchas Cyntherea.

LIV

Tres formosos outeiros de mostravam
Erguidos com soberba graciosa,
Que de gramínio esmaltese adornavam,
Na vormosa ilha alegre, e deleitosa:
Claras fontes, e limpidas manavam
Do Cume, que a verdura tem viçosa:
Por entre pedras alvas se deriva
A sonorosa lympha fugitiva.

LV

N'um valle ameno, aque os outeiros fende,
Vinham as claras aguas ajuntar-se,
Onde uma meza fazem, aque se estende
Tão bella, quando póde imaginar-se:
Arvoredo gentil sobre ella pende,

Como que prompto está para affeitar-se,
Vendo se no crystal resplandecente,
Que em si o está pintando propriamente.

LVI

Mil arvores estão ao céu subindo
Com pomos odoríferos e bellos:
A laranjeira tem no fruito lindo
A côr, que tinha Daphne nos cabellos:
Encosta se no chão, que está cahindo,
A cidreira co'os pessos amarellos;
Os formosos limões alli cheirando,
Estão virginias tetas imitando.

LVII

As arvores agrestes, que os onteiros
Tem com forudente como ennobrecidos,
Alemos são de Alcides, e os loureiros
Do lourod eos amados e queridos:
Myrtos de Cytherea, co'os pinheiros
De Cybele, por outro amor vencidos:
Está apontando o agudo cypariso
Para onde é o ehtereo paraiso,

LVIII

Os dões, que fá Pomona, alli natura
Produze differentes nos sabores,
Sem ter necessidade de Cultura,
Que sem ella se d"ao muitos melhores:
As cerejas purpureas na pintura;
As amoras, que nome tem de amores;
O pmo, que da patria Persia veio,
Melhor formado no terreno alheio.

(Camões, 1898, p.326 ss.)

O poeta descreve algo muito próximo do que sonhamos ser o paraíso. Depois da conquista, diríamos, um digno descanso aos guerreiros. Mas, não só, o que temos é o "lugar das delícias" sendo oferecido aos leitores europeus: a justificativa do sacrifício, a justa recompensa pela luta, o conhecido em meio ao desconhecido, o esperado em meio a tantas exasperações.

Frutas, árvores, relva e tudo o mais que se segue nos versos subsequentes, numa verdadeira alegoria que nos permite imaginar um Vasco da Gama suprido pelo maravilhamento do olhar, do gosto e da sexualidade, nos moldes que realizaria o sonho de qualquer europeu. Terras distantes, mas efetivamente familiares. A legitimidade de estar em casa estando longe dela.

A apropriação do desconhecido é, antes de tudo, superá-lo enquanto tal para transformá-lo no conhecido. Do ponto de vista do período que estamos estudando, como já vimos em Camões, o maravilhamento é a regra, a dialética risco/recompensa é a linguagem que definirá o significado das "novas terras" tanto para aqueles que sobre elas colocaram seus pés, como, sobretudo, para os que do continente europeu procuravam assistir aos movimentos dos novos heróis.

Horácio Capel (1995) introduz um precioso artigo sobre o tema levantando a seguinte hipótese:

> De certa maneira poder-se-ia afirmar que a geografia moderna nasceu durante o século XVI na América, no esforço por reconhecer, descrever, estudar e organizar as novas terras descobertas.
>
> ...
>
> É, sem dúvida, nas crônicas das Índias, e mais concretamente em obras como as de Fernandez de Oviedo que se encontra, segundo reconheceu o próprio Humboldt, "o fundamento da física do globo", esse ramo da ciência que muitos geógrafos têm considerado nos últimos cem ou cento e cinquenta anos como a origem da geografia contemporânea.
>
> Não cabe nenhuma dúvida sobre a profunda novidade que supõe o esforço de integração de fenômenos diversos, de caráter humano e natural, nessas obras que contribuíram decisivamente para sistematizar e difundir as informações do Novo Mundo e que, ao mesto tempo, puderam converter-se também em modelos de uma nova forma de descrever o mundo. (p.247-8, T. A.)

Colocando-se dessa maneira, Capel já aponta para os elementos fundantes de sua leitura sobre o processo. Não basta chegar, ver e vencer, é preciso transformar cada um desses atos num longo e encadeado processo de sistematização, em que o trinômio forma/localização/significado vai definir o olhar de quem "chega, vê e vence" e os olhares dos que ainda estarão por vir, ver e vencer.

Como bem nos lembra Capel (1995), o papel desses "cronistas-
-geógrafos" (a expressão é minha) é predefinido pelos seus governantes:

> não podemos estranhar que a grande quantidade de informações assombro-
> sas que chegaram das Índias tornou evidente a necessidade de sistematizá-
> -las, criando o cargo de cronista das Índias, primeiro de forma espontânea
> ... e, logo depois, formalmente... (p.250, T. A.)

Considerando os exemplos usados no texto de referência – o Estado
espanhol e seus cronistas na América –, Capel analisa cada uma das perspectivas que vão sendo traçadas:

> Quando Gonzalo Fernandez de Oviedo comenta a realização de sua
> história *geral e natural* das Índias, tratando desses dois aspectos de maneira
> simultânea e com idêntico relevo em uma mesma obra, não há dúvida de
> que se deu um passo decisivo para o exame integrado dos fatos humanos
> e físicos. Não cabe dúvida, tampouco, de que foi precisamente a América o
> que o obrigou a dar tal passo.
>
> ...
>
> Sem dúvida, os sucessos do descobrimento e conquista foram memo-
> ráveis e o cronista historiador devia dedicar seu trabalho a resenhá-los
> cuidadosamente, e, para tanto, se lhe deu poder para requerer documentos
> originais e testemunhos dos protagonistas. Porém, mais dignos de atenção
> eram o solo, as produções, a fauna, a flora e os habitantes das novas terras.
> (p.250-1, T. A.)

Para que não percamos o espírito geral do texto de Capel, vale lembrar que ele está procurando identificar as razões que levaram os cronistas daquela época a romperem com a tradição mais geral de se aterem
mais aos chamados "fatos históricos" que aos "fatos geográficos".

Tal como na documentação deixada por Colombo, a conquista efetiva do território americano – no âmbito do que tal prática nos deixou de
sistematizado – vai nos mostrar mais uma vez que a leitura do novo se
faz com as linguagens já consolidadas culturalmente e que sobreviveram
ou foram retomadas do interior das relações feudais. Todavia, fica também evidente que tais ferramentas eram insuficientes para sistematizar
as novas experiências e, portanto, colocá-las em evidência seria, ao mesmo tempo, um gesto de superação, como de fato nos mostram as realizações burguesas até a Revolução Francesa.

Mais que isso, meu objetivo é deixar evidente que, seja de Sacrobosco a Nicolau de Cusa, do mapa de Bento ao de Behain, dos quadros de Van Eyck aos poemas de Camões e às crônicas de Gonzalo Fernández de Oviedo, o que temos são os fundamentos do mundo como hoje o conhecemos não só no sentido da forma, da tecnologia, das aparências, mas também o mundo visto pela dimensão de sua linguagem, do entendimento que tem de si mesmo, das contradições estruturais que o movimentam. O que fiz, nesses primeiros capítulos, foi tentar identificar nossas raízes mais recentes. Daqui para a frente, virá o confronto da consolidação.

3
O maravilhamento do novo

> – Ah! Por que os homens não se contentam com as bênçãos que a Providência deixa ao nosso alcance imediato, e têm que fazer viagens tão longas para acumular outras?
>
> – Você gosta de seu chá, Mary Pratt, e do açúcar que põe nele, e das sedas e fitas que vejo você usar; como teria essas coisas se ninguém saísse em viagem? O chá e o açúcar, as sedas e os cetins, não crescem junto com os mariscos do Lago das Ostras...
>
> Mary reconheceu a verdade do que foi dito, mas mudou de assunto.
>
> (Cooper, apud Crosby, 1993, p.99)

3.1 Introdução

O final do século XV e o transcorrer do século XVI expressaram a mais profunda revolução geográfica de que se tem notícia. Tal como vimos no capítulo anterior, o conjunto de paradigmas que dá sustentação às nossas ideias de tempo e espaço (historicidade e geograficidade) possui raízes profundas num amplo conjunto de movimentos, cujas sistematizações mais evidentes estão espalhadas no vasto material literário, nas artes plásticas, na cartografia, nas crônicas e no caminho percorrido do que identificamos como discurso científico da modernidade.

As controvérsias, portanto, estão mais calcadas sobre o significado e o nível de influência que tais movimentos possuem sobre o nosso presente do que, propriamente, em se afirmar se aqueles quase duzentos anos foram ou não importantes para o futuro que a humanidade teve de criar para conhecer.

O presente capítulo, como se verá, acompanha *pari passu* o percurso do anterior, já que procura dialogar da mesma maneira e realçar os mesmos elementos. A diferença é que, ao percorrer os acontecimentos dos séculos XVI e XVII vai, paulatinamente, se aproximando de um conjunto cada vez mais amplo de construções teóricas que, no mínimo, têm as características fundamentais daquelas com as quais dialogamos até os nossos dias. Portanto, vamos nos aproximando mais e mais do discurso geográfico institucionalizado.

Mercator é o nosso ponto de partida; Kant, o de chegada. A *physis* transforma-se em todos os sentidos: depois da constatação de que a Terra se move, foi necessário identificar que a vida também se move nessa terra móvel. Como veremos, o ponto de inflexão fundamental em torno do qual (igualmente) se move o pensamento que sistematiza magistralmente a ordem burguesa em busca de hegemonia será a física newtoniana – na qual a *machina mundi* toma sua forma mais acabada.

Essa é, enfim, uma obra iniciada nas primeiras páginas de Sacrobosco e terminada – com retoques de genialidade – nos textos de Newton. Esses são os nomes pelos quais chamamos os milhões de homens e mulheres que foram mudando sua maneira de viver, sufocando velhos desejos em nome do desejo de modernidade, em nome do progresso, em nome de uma promessa que os mapas T-O escondiam: o caminho de um paraíso, geometricamente traçado e, portanto, materialmente conquistável.

3.2 A nova geometria e o mapa de Mercator – as direções de um planeta em movimento

A Figura 7 do Anexo é um mapa que se aproxima muito do que hoje conhecemos como "cartografia moderna", mas não poderá ser discutido apenas com base na sua evidente diferença em relação às cartas-portulano.

A simples constatação de que para a sua confecção foi usado um certo tipo de projeção é insuficiente para a identificação de sua importância na história da cartografia e, não necessariamente, poderá levar-nos à constatação de que ele expressa – de forma sistemática e brilhante – a nova concepção de espaço, cujos traços gerais desenvolvi no capítulo anterior.

É preciso, portanto, ir além.

Além, em primeiro lugar, de seu autor – Gerhard Mercator, nascido em Flandres em 1515 e considerado o pai da cartografia moderna. Em segundo lugar, da época de sua elaboração – o mapa da Figura 7 foi publicado pela primeira vez em 1569. Por fim, da sua forma inusitada – fundada em princípios de projeção diferentes de toda a cartografia que o precedeu.

Faz-se necessário, também, o contexto.

Uma parte dele já verificamos no capítulo anterior, quando teci alguns comentários sobre o processo de apropriação territorial levado a cabo pelos países ibéricos. Do ponto de vista do que viria a acontecer daí para diante não tenho dúvidas quanto ao fato de que os verdadeiros marcos desse processo de transformação podem ser identificados nas figuras de Colombo e Vasco da Gama. Mas aquelas viagens, como vimos, só ganham sentido quando identificadas no interior de um amplo processo de transformação do *modus vivendi* europeu que já havia dado seus primeiros passos alguns séculos antes da invenção da América.

Tais viagens, portanto, poderiam transformar-se em mais um extenso material para o folclore europeu, se as tais transformações não viessem a se expressar num conjunto de comportamentos muito mais amplo que o desenvolvimento náutico. É isso que o mapa de Mercator nos mostra: o mundo do mercantilismo se define por uma ampliação territorial sem precedentes e, naqueles tempos, nem mesmo seus promotores tinham clareza dos resultados que poderiam advir do confronto entre culturas e dinâmicas sociais tão diferentes.

Tateava-se e, tal como Colombo ou Vasco da Gama, muitos outros personagens tomaram parte desse processo como sistematizadores, como gênios aparentemente isolados, marginais da época, heróis do futuro.

3.3 Maquiavel: espaço, geometria, fronteira

> As mais das vezes, costumam aqueles que desejam granjear as graças de um príncipe trazer-lhe os objetos que lhes são

mais caros, ou com os quais o veem deleitar-se; assim, muitas vezes, eles são presenteados com cavalos, armas, tecidos de ouro, pedras preciosas e outros ornamentos dignos de sua grandeza. Desejando eu oferecer a Vossa Magnificência um testemunho qualquer de minha obrigação, não achei, entre os meus cabedais, coisa que me seja mais cara ou que tanto estime quanto o conhecimento das ações dos grandes homens apreendido por uma longa experiência das coisas modernas e uma contínua lição das antigas; as quais, tendo eu, com grande diligência, longamente cogitado, examinando-as, agora mando a Vossa Magnificência, reduzidas a um pequeno volume.

(Maquiavel, 1973, p.9)

Luciano Gruppi, ao escrever um pequeno livro sobre "as concepções de Estado em Marx, Engels, Lenin e Gramsci", intitulou sua obra de forma contundente: *Tudo começou com Maquiavel* (1987). Tudo o quê? Evidentemente não o Estado Moderno, mas sim uma concepção sistemática do nascimento do Estado. Como ele mesmo afirma:

Maquiavel, ao refletir sobre a realidade de sua época, elaborou não uma teoria do Estado moderno, mas sim uma teoria de como se formam os Estados, de como na verdade se constitui o Estado moderno. Isso é o começo da ciência política; ou, se quisermos, da teoria e da técnica da política entendida como uma disciplina autônoma, separada da moral e da religião. (p.10)

Maquiavel, em sua obra mais conhecida – *O príncipe*, escrita em 1513 –, fonte inesgotável de discussão por parte de politicólogos e sociólogos, nos traz, na verdade, um certo tipo de aconselhamento. Trata-se, como o próprio autor afirma e reproduzimos na epígrafe do presente item, da sua contribuição a um príncipe específico, com leituras que se confrontarão com a dinâmica discursiva hegemônica, na época (cujas fontes inspiradoras fundamentais seriam Aristóteles e Platão) carregada de profundos "moralismos" que, de forma alguma, se aproximavam da observação fenomênica. Em outras palavras, o que se via não se comentava e o desenvolvimento reflexivo não se fundamentava na prática cotidiana. Voltemos aos comentários de Gruppi:

O Estado, para Maquiavel ... passa a ter suas próprias características, faz política, segue sua técnica e suas próprias leis. Logo no começo de *O príncipe*, Maquiavel escreve: "como minha finalidade é a de escrever coisa útil para quem a entender, julguei mais conveniente acompanhar a realidade efetiva do que a imaginação sobre esta". Trata-se já da linha do pensamento experimental, na mesma senda de Leonardo da Vinci: as coisas são como elas são, a realidade política e social como ela é, a verdade efetiva.

Maquiavel acrescenta: "Muitos imaginam repúblicas e principados que nunca foram vistos nem conhecidos realmente"; isto é, muitos imaginam Estados ideais, que no entanto não existem, tais como a república de Platão. (p.10)

Tal como a maioria dos embates desenvolvidos naquele período e, hoje em dia, considerados como clássicos do pensamento ocidental, Gruppi mostra-nos que o nascimento da política, enquanto um campo específico do conhecimento científico, também confronta-se, no seu nascedouro, com os clássicos gregos, mas isso não é, evidentemente, o mais importante de toda essa discussão.

Uma primeira reflexão a ser feita é que o desejo de Maquiavel em superar o idealismo de seus predecessores e contemporâneos de forma alguma poderá nos levar a afirmar que Platão, ao discorrer sobre o Estado em *A República*, não estivesse se fundamentando na realidade por ele vivida, isto é, não é Maquiavel mais realista que Platão. O que os diferencia, em primeiro lugar, é o momento histórico em que cada um vive. Para nossa discussão vale realçar que, para Maquiavel, refletir sobre um Estado desejável exige a construção de respostas – ou "técnicas", como afirma Gruppi – para o uso imediato tanto dos analistas, como dos próprios governantes (Platão não só redimensiona a ideia de poder como redefine a identidade dos que devem exercê-lo).

Vejamos um exemplo que, para os nossos fins, tem caráter paradigmático:

Quanto à ação, além de manter os soldados disciplinados e constantemente em exercício, deve estar sempre em grandes caçadas, onde deverá habituar o corpo aos incômodos naturais da vida em campanha e aprender a natureza dos lugares, saber como surgem os montes, como afundam os vales, como jazem as planícies, e saber da natureza dos rios e dos pântanos, empregando nesse trabalho os melhores cuidados. Esses conhecimentos são úteis sob dois aspectos principais: primeiro, aprende o príncipe a conhecer bem o seu país e ficará conhecendo melhor os seus meios de defesa; segundo, pelo conhecimento e prática daqueles sítios, conhecerá facilmente qualquer outro, novo, que lhe seja necessário especular, pois que os montes, os vales, as planícies, os rios e os pântanos que existem na Toscana, por exemplo, apresentam certas semelhanças com os de outras províncias. Assim, pelo conhecimento da geografia de uma província, pode-se facilmente chegar ao conhecimento de outra. E o príncipe que falha nesse particular falha na primeira qualidade que deve ter um capitão, porque é esta que ensina a entrar em contato com o inimigo, acampar, conduzir os exércitos, traçar os planos de batalha, e assediar ou acampar com vantagem. (Maquiavel, 1973, p.66)

Como se vê, trata-se de um "livro de receitas". Este é, justamente, o salto de qualidade. Para se garantir o poder é necessário exercê-lo e, se ele se justifica pela presença ou conivência divina ou da própria sociedade, é o que menos importa. O poder existe e há os que querem dele fazer uso. Muito bem... é preciso descobrir a melhor maneira – a forma mais eficiente – de atingir tal objetivo.

O texto que reproduzimos cita a necessidade do conhecimento geográfico para o exercício do poder. Não está aí a novidade. A grande questão é admitir que as fronteiras são efetivamente móveis, virtuais, conjunturais e que sua construção dependerá da capacidade de defesa ou de conquista de quem quer exercer o poder e, para isso, deve-se fazer uso do conhecimento sistemático, além da fé.

O Estado, visto por Maquiavel, é efetivamente o Estado burguês nascente e contém, enquanto prática, a violência das forças sociais emergentes. Seu texto deve destruir mais que um ou outro príncipe, já que ele quer atingir um comportamento decadente para, sobre ele, construir a racionalidade de uma prática específica.

É nesse ponto que Maquiavel se funde a Copérnico. Além da contemporaneidade, ambos lutam contra o mundo feudal e da mesma maneira que o primeiro rompe com as determinações divinas na constituição do poder, fluidificando as fronteiras para permitir a própria guerra – conquistas e perdas que se expressam no jogo de conjunturas efetivas –, o segundo dá fluidez ao planeta, obriga-nos a um deslocamento na leitura, à geração de uma concepção de espaço matemático – e, portanto, ideal – para o entendimento do fenomênico.

Ambos, portanto, procuram sistematizar uma nova racionalidade cujo processo de construção evidentemente os antecede. Para tanto, terão de assumir as duas categorias centrais da modernidade: espaço e tempo desmistificados e remistificados, isto é, despidos de determinações divinas para que possam ser geometrizados, matematizados, manipulados. O mundo burguês não é mais nem menos humano que o feudal, o que está em jogo é o que se entende por humano e, na ascensão das relações fundadas na produtividade cumulativa, a criatura tem de transformar-se em criador e, portanto, olhar o mundo como seu.

O príncipe, no entanto, deu pouca atenção às novas falas. O resultado, os historiadores nos contam: as concepções feudais ainda resistiram por mais alguns séculos, mas soçobraram em meio à violência e ao engano, e a hegemonização burguesa vai se realizar *pari passu* à constituição do Estado maquiavélico.

3.4 Giordano Bruno: do infinito ao absoluto

> Se eu, ilustríssimo Cavaleiro, manejasse um arado, apascentasse um rebanho, cultivasse uma horta, remendasse uma veste, ninguém me daria atenção, poucos me observariam, raras pessoas me censurariam e eu poderia facilmente agradar a todos. Mas, por ser eu delineador do campo da natureza, por estar preocupado com o alimento da alma, interessado pela cultura do espírito e dedicado à atividade do intelecto, eis que os visados me ameaçam, os observados me assaltam, os atingidos me mordem, os desmascarados me devoram.
>
> (Bruno, 1973, p.9)

Denúncia? Talvez... O fato, no entanto, é que a figura de Giordano Bruno só poderá ser compreendida no contexto de turbulência imposto pela decadência das relações de classe, ainda naquele momento hegemônicas, do feudalismo.

De formação católica mas convertido ao calvinismo – para depois ser expulso e perseguido pelos dois lados do que veio a ser conhecido por "Reforma e Contrarreforma" –, Bruno passa os últimos sete anos de sua vida preso e acaba condenado à fogueira pela Inquisição no ano de 1600, com cerca de 52 anos.

Para os meus objetivos, no entanto, a luta política de Bruno ficará em segundo plano (como pano de fundo), uma vez que o que me interessa de fato são suas contribuições no que tange à construção do(s) conceito(s) de espaço (e tempo) já que, como veremos mais adiante, esse autor antecipa alguns dos argumentos que darão forma e conteúdo à física newtoniana.

Para tanto, usarei um texto de Bruno intitulado *Sobre o infinito, o Universo e os mundos* (1973), sobre o qual vale tecer alguns comentários prévios:

- O texto foi construído na forma de diálogos, retomando a velha tradição platônica, o que em princípio já demonstra a disposição do autor em se posicionar contrariamente à tradição aristotélica;
- Antes de iniciar os "diálogos" propriamente ditos, o autor escreve uma "epístola preambular" na qual, além de denunciar as constantes perseguições que sofria e atacar numa linguagem absolutamente contundente seus detratores, faz um resumo de tudo que será encontrado no interior dos diálogos;
- Os textos que cito a seguir foram retirados dessa "epístola preambular" já que, dessa maneira, evitamos os inúmeros volteios que um texto na forma de diálogo tende a imprimir.

> Eis, pois, que agora vos apresento a minha especulação acerca do infinito, do universo e dos mundos inumeráveis.
> Encontrareis, portanto, no primeiro diálogo:
> Primeiro, a inconstância dos sentidos demonstra que eles não são princípio de certeza e não a determinam senão por certa comparação e conferência de um objeto sensível com outro e de uma sensação com outra. Daí se infere que a verdade é relativa nos diversos sujeitos. (1973, p.10)

Há que ressaltar aqui que quando Bruno entra definitivamente no assunto que se propôs a desenvolver, ele o faz de forma direta – agressiva até, considerando o momento em que o texto foi escrito – pois, para a tradição aristotélica, tocar no assunto da infinitude do Universo só poderia ser feito por dois prismas distintos: ou o autor deveria esforçar-se para demonstrar que o Universo era finito ou, então, daí para a frente não encontraríamos mais que um simples arrolar de heresias "sem tamanho".

Sabendo disso, Bruno mantém, até o final, o estilo agressivo do texto, procurando colocar os inimigos na situação ridícula de negá-lo sem conhecê-lo ou de, para conhecê-lo, terem de enfrentar primeiramente sua ira.[1]

---

1 Os comentários que fiz sobre Nicolau de Cusa no Capítulo 1 mostram num estilo literário bem diferente, a agressividade como característica do embate.

É justamente essa ira que coloca em evidência as acusações, já na época feitas aos aristotélicos, de empirismo. A contraposição entre o "conhecimento verdadeiro" e a sistematização do que podemos absorver pelos sentidos é, de fato, um debate que no Ocidente se expressa já desde os pré-socráticos, mas, nesse momento, ela vem em socorro das ideias de Copérnico, já que o fato de a Terra se mover de forma não observável pelos sentidos implica que esse movimento só assuma um caráter científico conforme o estatuto de verdade esteja colocado na precisão da razão e não no fato de o sujeito ter ou não experimentado ou observado o fenômeno do qual se fala.

Como já verificamos, o sujeito aristotélico vê o mundo do ponto de observação em que ele efetivamente se encontra, o que lhe permite afirmar que o Sol gira em torno da Terra. O sujeito copernicano, ao contrário, não pode ver o mundo girando em torno de si mesmo e em torno do Sol e, portanto, só pode fazer tal afirmação na medida em que muda seus pressupostos de leitura do fenomênico. Teríamos aqui algo como, em pleno século XVI, colocar alguém observando os movimentos da Terra de fora do plano da eclíptica, o que é uma impossibilidade.

Nessas condições, o ponto de partida será necessariamente reduzir o papel dos sentidos na construção do conhecimento, realçando assim o papel da razão.[2]

Voltemos ao texto de Bruno:

> Segundo, inicia-se a demonstrar a infinidade do universo, e se apresenta o primeiro argumento, tirado do fato de não saberem onde termina o mundo aqueles que por obra da fantasia querem lhe fabricar muralhas.
>
> Terceiro, o seguinte argumento se depreende do fato de ser inconveniente afirmar que o mundo é finito e que existe em si mesmo, porque isto provém

---

2 Claro está, como veremos posteriormente, que do ponto de vista da racionalidade não era Copérnico nem mais nem menos racional que Ptolomeu: o que os diferenciava, efetivamente, eram os pressupostos sobre os quais faziam suas diferentes leituras da realidade fenomênica. No dizer de Cassirer, teremos o seguinte: "A força e o entusiasmo com que a teoria copernicana foi abraçada e defendida por seus primeiros partidários não se explica somente pela diferente concepção lógica que nela se manifesta, nem tampouco pela renovação geral do conceito de natureza.

Ao mudar a imagem da realidade objetiva, mudam também diretamente o conteúdo e a fisionomia das ciências do espírito. A partir de agora eliminam-se os obstáculos para o surgimento de uma nova concepção ética da vida, de uma nova maneira de se considerar o mundo e os valores" (Cassirer, 1986, p.402, T. A.).

unicamente ao ilimitado. A seguir, tira-se o terceiro argumento da inconveniência e impossibilidade de imaginar o mundo como existindo em nenhum lugar, pois de qualquer modo se concluiria daí pela sua inexistência, atendendo que todas as coisas, sejam elas corpóreas ou incorpóreas, corpórea ou incorporadamente, significam lugar. (1973, p.10)

O segundo argumento de Bruno já o coloca, de forma clara, no campo da retórica. O fato de os aristotélicos não saberem onde o mundo termina não significa, em princípio, que ele não termine. Mas é o terceiro argumento que nos interessa de forma mais direta:

- Bruno defronta-se, num primeiro momento, com os argumentos teológicos que procuram afirmar que o Universo é finito porque assim convém a Deus (o "Ilimitado"). Claro está que, se podemos afirmar que o argumento por ele exposto não é convincente, o mesmo poderíamos afirmar em relação aos teólogos. No entanto, como Copérnico, Bruno não possuía o ferramental técnico que somente nove anos depois de sua morte seria usado por Galileu. As mudanças na estrutura paradigmática do pensamento da época obrigam, portanto, que ambos os lados permaneçam no monumental esforço de se manterem vivos numa luta travada no campo da simples retórica.
- No desenvolvimento do parágrafo, por fim, encontramos um pressuposto que dará sentido a todos os demais argumentos que vieram depois: a ideia de *lugar*, independentemente mesmo de sua corporalidade. A ideia de imaginar o mundo existindo em lugar nenhum torna a existência do mundo uma improbabilidade e, dessa maneira, "lugar" deixa de ser uma identidade relativa de localização e transforma-se em "coisa em si". Como o mundo, para existir, tem de existir em algum lugar, é evidente que o lugar necessário à existência do mundo deve preceder ao próprio mundo.

Mas é, justamente, no quinto e no sétimo argumentos que os fundamentos da ideia de espaço em Giordano Bruno (1973) tomam toda sua força e clareza:

Quinto, a definição de lugar, proposta por Aristóteles, não convém ao primeiro, maior e mais comum dos lugares. Nem vale tomar a superfície próxima e imediata ao conteúdo, e outras leviandades que fazem do lugar uma coisa matemática e não física. Admito que entre a superfície do continente e do conteúdo, que nela se move, sempre é necessário que haja espaço interposto, ao qual convém, antes de tudo, ser lugar. E se quisermos tomar do espaço apenas a sua superfície, é preciso que se vá procurar no infinito um lugar finito.

...

Sétimo, assim como o espaço em que está este mundo seria o vácuo se aí não se encontrasse este mundo, assim também onde não está este mundo se supõe o vácuo. Portanto, fora do mundo este espaço não é diferente daquele; logo, a aptidão que este possui aquele também possui. Por conseguinte, possui também o ato, porque nenhuma aptidão é eterna sem ato e por isso tem eternamente o ato unido, ou melhor, ela própria é ato, dado que no eterno não são diferentes o ser e o poder ser. (p.10)

É interessante notar aqui a contraposição que Bruno faz entre o físico e o matemático. Na verdade, tal argumentação o aproxima muito mais dos aristotélicos do que poderíamos imaginar que seria de sua vontade, na medida em que, como já vimos, a matemática, do ponto de vista copernicano ("neoplatônico", portanto), mais que uma linguagem, é o fundamento lógico da existência do Universo e, portanto, sua própria existência.[3]

A aproximação do pensamento aristotélico completa-se quando ele afirma: "Admito que entre a superfície do continente e do conteúdo, que nela se move, sempre é necessário que haja espaço interposto, ao qual

---

3 "certos fatos ordinariamente confinados à História da Matemática são de importância vital neste contexto ... É ponto comum para os matemáticos a afirmação de que, salvo quanto aos dois últimos séculos, durante os quais a álgebra superior libertou, em medida considerável, o pensamento humano da dependência de representações espaciais para o raciocínio matemático, a geometria sempre foi a ciência Matemática por excelência ... Na Antiguidade, como demonstram os trabalhos literários, assim como os tratados especiais de que dispomos, a aritmética desenvolveu-se em estreita dependência com relação à geometria. Sempre que Platão (como no *Mênon*) volta-se para a Matemática para ilustrar alguma controvérsia favorita, como, por exemplo, sua doutrina da reminiscência, a proposição utilizada presta-se sempre à representação geométrica. A famosa doutrina pitagórica de que o mundo é composto de números tende a parecer bastante ininteligível aos modernos até que se reconheça que o significado pretendido é o de unidade geométrica, isto é, o tipo de atomismo geométrico que foi retomado por Platão em seu *Timeu*. Os 'números' significavam que os elementos últimos do cosmos eram porções limitadas de espaço. Na medida em que a óptica e a mecânica eram tratadas pelos antigos como ramos da Matemática, era habitual também raciocinar nessas ciências por meio de imagens espaciais e representar geometricamente o conhecimento adquirido" (Burtt, 1991, p.33-4).

convém, antes de tudo, ser lugar". É aqui que a clareza se dá: o espaço é o "invólucro" ou o "continente" do conteúdo e confunde-se, definitivamente, com o conceito de lugar, o que, por sua vez, apesar da invisibilidade, é uma necessidade conceitual já que é a condição de identificação da diferencialidade fenomênica ou, em outras palavras, as coisas estão no espaço e "ocupam" um lugar.

É justamente por isso que se "quisermos tomar do espaço apenas a sua superfície, é preciso que se vá procurar no infinito um lugar finito". Eis aí colocada a divergência entre o absoluto e o relativo pois, na medida em que cada objeto está num espaço e, portanto, há um espaço para cada objeto, o espaço de todos os objetos – a infinitude fenomênica – só tem sentido no espaço absoluto – a infinitude da condição de existência do fenomênico.

O sétimo argumento é uma decorrência do anterior e procura exemplificá-lo. Se, tal como podemos imaginar partindo dos pressupostos, conforme a terra se desloca o lugar permanece como um vazio necessário (está apto para receber outro objeto qualquer e sem ele nenhum objeto poderia estar ali). A ideia de eternidade, por sua vez, aparece como uma noção de tempo necessária do espaço absoluto. É o tempo, portanto, receptáculo no plano da dinâmica tal como o é o espaço no plano da forma.

Na continuidade de seu texto, Bruno (1973) refaz o percurso escalar recolocando o observador como elemento fundante da própria percepção. Voltemos à "epístola", então:

> Oitavo, nenhum dos sentidos nega o infinito, visto que não podemos negar, pelo fato de não compreendermos o infinito com os sentidos; mas, como os sentidos são compreendidos por ele e a razão vem confirmá-lo, somos obrigados a admiti-lo. Aliás, se considerarmos mais atentamente, os próprios sentidos o põem infinito, porque sempre vemos uma coisa compreendida por outra e jamais percebemos, nem com os sentidos externos nem com os sentidos internos, uma coisa não compreendida por outra, ou algo parecido:
>
> Finalmente, pelo que se passa à nossa vista, cada objeto parece limitar outro objeto: o ar limita as colinas, os montes limitam o ar, e a terra o mar, e, por seu turno, o mar termina todas as terras; mas, na verdade, nada há, para além do todo, que lhe sirva de limite.
>
> Efetivamente, por todo o lado, abre-se às coisas, em toda direção, um espaço sem limites. (p.11)

O infinito, portanto, é uma resultante necessária da própria observação empírica. O argumento parece pueril para os olhos da ciência contemporânea, mas é, na verdade, a condição necessária ao desenvolvimento da própria argumentação. A consolidação desse tipo de ruptura, que mais à frente identificaremos no pensamento newtoniano, exigiu, nessa fase "neoplatônica", o empirismo aristotélico, pois, no final das contas, a observação direta da relação entre continuidade e descontinuidade pressuposta no fenomênico, fundada na ideia de espaço enquanto receptáculo, tanto pode levar à ideia das esferas concêntricas de Ptolomeu, quanto à ideia de infinitude de Giordano Bruno.

E é por isso mesmo que:

> ...se a potência infinita ativa realiza o ser corpóreo e dimensional, este deve necessariamente ser infinito; doutro modo, altera-se essencialmente a natureza e a dignidade de quem pode fazer e de quem pode ser feito. (1973, p.12)[4]

O jogo escalar entre a observação fenomênica e a infinitude necessária do Universo tem um duplo argumento. A condição de infinitude é o resultado tanto da condição dada pela observação empírica quanto do fato de que o infinito, por sua própria natureza, só pode gerar o infini-

---

4 "O Universo é, pois, como um animal infinito em que o todo vive e se move das maneiras mais diversas. A inteligência formal não se distingue, dessa maneira, em nada da causa final (do conceito de *fim*, de *inteléquia* ou o princípio imóvel de Aristóteles); mesmo assim devemos verificar nela, provavelmente, uma inteligência eficiente (*causa efficiens*), uma causa *intemedia*, precisamente aquela que produz tais resultados. A natureza e o espírito não se encontram separados entre si; sua unidade é a inteligência formal, na qual o conceito puro não se contém de um modo consciente, senão como algo livre por si mesmo, que permanece dentro de si, e atua do mesmo modo e transcende fora de si. A inteligência que trabalha de acordo com um fim é a mesma forma interior das coisas, um princípio intelectivo interior. O que se produz se produz sempre de acordo com essa forma e se contém em seu interior; e o que surge é segundo a forma se faz determinada em si. Assim, em Proclo, a inteligência, como algo substancial, é o que em sua unidade contém o todo: a vida é o criador, o produtivo, a inteligência enquanto tal é precisamente esse algo que transforma tudo, que faz retornar o todo na unidade. É o mesmo critério final com que nos encontraremos de novo na filosofia kantiana. É o orgânico vivo, cujo princípio é o criador, que leva dentro de si mesmo sua efetividade e que, graças a ela, permanece e se conserva sempre em torno de si, é precisamente o fim, a atividade determinada de si mesmo, que em seu comportamento em relação a outras coisas não se conduz como simples causa mas sim as reverte a si mesmo" (Comentários de Hegel sobre o pensamento de Giordano Bruno. In: Hegel, 1985, v.3, p.174, T. A.).

to ou estará colocada em questão a "dignidade" tanto do Criador quanto da Criatura.

> O segundo diálogo segue a mesma conclusão ... demonstra-se que uma coisa corpórea não pode ser limitada por uma coisa incorpórea, mas pelo vácuo ou pelo pleno. E, de qualquer modo, fora do mundo existe o espaço, que, afinal, não é mais do que a matéria e a própria potência passiva, onde a não invejosa e não ociosa potência ativa deve se transformar em ato. (ibidem, p.13)

Pois bem: o vácuo é corpóreo e só nesse sentido, efetivamente, é que o Universo pode ser infinito. Eis o significado de Espaço – "não é mais do que a matéria e a própria potência passiva". O lugar do universo da coisa (potência ativa) e ele mesmo na sua forma passiva: receptáculo.

> No terceiro diálogo nega-se ... aquela fantasia tola sobre a forma, as esferas e os diversos céus, e se afirma ser único o céu, que é um espaço geral que abarca os infinitos mundos, se bem que não neguemos serem muitos, antes, infinitos os céus, tomando esta palavra em outra acepção... (ibidem, p.14)

Eis a palavra de ordem: derrotar Aristóteles, e fazê-lo implica denunciar seu próprio discurso. O terceiro diálogo é, fundamentalmente, uma aplicação geral do que já foi visto, e é nesse sentido que o céu se torna único porque é céu de todo o Universo e ao mesmo tempo múltiplo, porque é céu para cada um dos infinitos astros existentes.

A conclusão, por sua vez, permitirá, novamente, colocarmos em evidência o espírito de uma época ou, em outras palavras, identificarmos contra quem – e, consequentemente, a favor de quem – Bruno desenvolve seu discurso:

> Consequentemente, a bela ordem e hierarquia da natureza é um sonho ingênuo e um gracejo de velhas decrépitas. (ibidem, p.15)

Eis a questão posta com todas as suas letras: há que derrubar a ideia de harmonia, de repetição, de centralidade, de equilíbrio. Tais perspectivas são vãs quando se quer localizar um "caminho de ajuste" que permita construir as condições culturais próprias do expansionismo, da redefinição do significado de natureza, realidade, ética, estética que, paulatinamente, o modo de viver burguês vai exigindo de si mesmo.

Bruno torna-se um personagem gigantesco dessa verdadeira revolução, uma vez que se torna marginal dentro de todas as possibilidades políticas. É copernicano, católico, calvinista, professor e filósofo, sem, efetivamente, obter reconhecimento em nenhum desses campos. Por todos os lugares pelos quais passou incomodou o *status quo*, talvez porque tenha deixado um rastro de inconformismo, talvez porque suas vinculações com a cabala judaica, com o panteísmo – e, talvez, até pelo fato de ter sido denunciado por espionagem – não tenham permitido que ele compreendesse de fato os parâmetros tanto do discurso hegemônico quanto daquele que, mesmo minoritário, mostrava a cada dia que não tinha surgido para ser soterrado na vala comum do esquecimento.

Um outro aspecto que deve ser ressaltado é que Bruno, na sua solidão cosmogômica, também defronta-se com um outro personagem aqui já evidenciado: Nicolau de Cusa (Capítulo 1). Lembremos, rapidamente, que Nicolau jamais chegou a afirmar ser o Universo infinito, como Bruno o faz, mas não há dúvida que entre ambos existe um diálogo profícuo. O que pode efetivamente dar-nos as pistas necessárias para o entendimento das diferenças como expressões de uma mesma vertente de preocupações é que, para ambos, mais que a finitude ou infinitude fenomênica o que está em jogo é o significado da razão e em que medida ela seria um critério de verdade melhor ou pior que a própria observação e, num segundo passo, em que medida observar é um ato que só se torna profícuo quando mediado pela razão, justamente aquela que permite ao sujeito "ver" o invisível, identificar o não identificável, ver o mundo multidimensionalmente tal como a tradição feudal jamais seria capaz de colocar-se a si mesma.

3.5 Copérnico: matemática, geometria e os desígnios de Deus

> No equador – acrescentava Hitlodeu – ... não vivem senão vastas solidões eternamente devoradas por um céu de fogo ... A terra inculta tinha apenas como habitantes os animais mais ferozes ... ou homens mais selvagens que os animais. Afastando-se do equador, a natureza se abrandava pouco a pouco ... Mais longe ainda, aparecem povos, cidades, povoações, em que se faz um comércio ativo por terra e por mar, não somente no

interior e com as fronteiras, mas entre nações muito distantes. (More, 1972, p.167)

> Rasguemos esse véu de orgulho e de presunção, e vejamos o que são os filósofos. Não passam, também, de ridículos loucos: quem poderá conter o riso ao ouvi-los sustentar seriamente a infinidade dos mundos?... Na verdade, ao ouvi-los falar com tanta convicção, qualquer um os julgaria membros de um grande conselho dos deuses ou testemunhas oculares da natureza quando tudo saiu do nada. Mas, a despeito disso, a natureza, essa hábil produtora do Universo, parece zombar das suas conjecturas ... Estragando a vista na contemplação meticulosa da natureza e com o espírito sempre distante, vangloriam-se de distinguir as ideias, os universais, as formas separadas; as matérias-primas, os *quid*, os esse, em suma, todos os objetos que, de tão pequenos, só poderiam distinguir-se, se não me engano, com olhos de lince. (Erasmo, 1972, p.100)

O presente item é epigrafado por dois textos clássicos: *O elogio da loucura*, escrito em 1509 por Erasmo de Rotterdã, e a *Utopia*, publicada pela primeira vez em latim, no ano de 1513. Escolhi-os para iniciar as discussões em torno de Nicolau Copérnico, já que expressam tanto as leituras da diferencialidade paisagística de uma época como também o estarrecimento provocado pelos embates entre os intelectuais: o objetivo, portanto, é identificar alguns aspectos do ambiente em que Copérnico produziu suas reflexões.

Para que possamos ter uma ideia inicial da dinâmica em que se insere o seu pensamento, basta lembrar a afirmação de alguns historiadores de que Nicolau Copérnico só liberou a publicação de seu livro *De Revolutionibus Orbium Coelestium* (cf. Burtt, 1991) em seu leito de morte. Ao que parece o autor de uma das mais importantes obras científicas dos últimos cinco séculos sabia o quão escandalosas para a época eram suas afirmações, e não quis acompanhar, ou sofrer, as repercussões que elas, por certo, teriam.

Se tal fato coloca-nos frente a frente com o espírito de uma época no que tange ao desenvolvimento de nossa temática, as questões propostas por Edwin A. Burtt (1991), ao iniciar seus comentários sobre o pensamento copernicano, parecem vir a calhar. Observemo-las:

A reinvenção do espaço

Por que, antes de qualquer confirmação empírica da nova hipótese de que a Terra é um planeta que gira em torno de seu próprio eixo e à volta do Sol, enquanto que as estrelas fixas se encontram em repouso, Copérnico e Kepler[5] acreditaram ser essa a descrição verdadeira do universo astronômico? ...

Para preparar a resposta a essa pergunta, façamos outra, qual seja: que base teria um pensador correto e representativo da época de Copérnico para rejeitar essa nova hipótese como um exemplo de apriorismo precipitado e injustificado? Acostumamo-nos tanto a pensar que a oposição ao grande astrônomo baseava-se fundamentalmente em considerações teológicas ... que tendemos a esquecer as sólidas objeções científicas que podiam ter sido e foram levantadas contra a nova hipótese. (1991, p.29)

Burtt apresenta suas perguntas e não mede esforços no sentido de buscar respostas. Como pode-se antever no próprio título da obra, *As bases metafísicas da ciência moderna*, a linha geral da construção conceitual de Burtt é a de desvendar os elementos centrais que definem – aprioristicamente – o sentido e o significado do conhecer (e, portanto, do não conhecer) científico. A chave do mistério apontado pela obra a que estou me referindo é, justamente, a linguagem matemática.

Vejamos mais de perto as linhas gerais de tal reflexão, resumindo os questionamentos já apontados e os eixos centrais de sua resposta:

Em primeiro lugar, não havia qualquer fenômeno celeste conhecido que não pudesse ser explicado pelo método ptolomaico...

Em segundo lugar, o testemunho dos sentidos parecia absolutamente claro na matéria...

Em terceiro lugar, construída com base nesse testemunho supostamente inabalável dos sentidos, havia uma filosofia natural do universo que fornecia um arcabouço bastante completo e satisfatório para o pensamento humano...

Finalmente, havia certas objeções específicas à nova teoria, as quais, no estado que a observação astronômica e a ciência mecânica haviam alcançado àquela época, não podiam ser respondidas satisfatoriamente...

À luz destas observações, é lícito concluir que, mesmo na ausência de quaisquer escrúpulos religiosos contra a astronomia de Copérnico, os homens de bom-senso de toda a Europa, especialmente os de mentalidade

---

5 Os comentários em torno de Kepler serão feitos mais adiante.

mais empírica, teriam considerado pelos menos imprudente aceitar os frutos prematuros de uma imaginação descontrolada, em detrimento das induções sólidas, construídas gradualmente através dos tempos, da experiência sensorial confirmada pelos homens. (1991, p.29 e ss.)

O quadro pintado por Burtt é sugestivo. Mesmo que possamos identificar um amplo movimento de cunho teológico contrário aos novos paradigmas que iam sendo construídos, tais objeções não são – e não foram – as mais graves e nem as únicas a estabelecerem fortes barreiras aos "delírios copernicanos". A dúvida tinha uma evidência empírica forte: o que se observa é o movimento do Sol e das estrelas e, na medida em que tais observações – no nível em que já estavam sistematizadas por Ptolomeu – davam conta das questões propostas pelos cientistas da época, não havia por que aceitar o heliocentrismo.

A ideia de que o planeta era esférico já estava, de certa maneira, sendo colocada no pedestal dos princípios inquestionáveis. Mas, plana ou esférica, isso não a deslocava do centro do Universo, e a física aristotélica, ao trabalhar com a relação entre os quatro elementos e definir o elemento terra como o mais pesado dentre eles, era mais que suficiente para dar conta do observado.

O problema, então, fica sem solução. Aristóteles e Ptolomeu tinham as respostas necessárias, mas Copérnico, delirante ou não, foi o vencedor no final das contas. Dois mil anos de discussões bem-cuidadas não foram suficientes para derrotá-lo e as razões que podem nos levar à compreensão de tal fato devem estar, necessariamente, muito além do dito, do afirmado, do calculado.

Deslocar o centro do Universo da Terra para o Sol foi, sem dúvida, mais um movimento de uma tarefa de gigantes. Evidentemente, em nada nos importa onde, realmente, é o centro do Universo, mas salta aos olhos o conjunto de dificuldades que se impõe aos que defendiam o geocentrismo aceitarem o heliocentrismo. Erasmo, no seu *Elogio da loucura*, não estava desatento ao debate, e dá-nos uma dimensão interessante do embate sob o olhar mordaz da "loucura".

Aos olhos de Mason (1985), a obra de Copérnico já foi elaborada tendo em conta um conjunto de pesquisadores que o antecederam:

A astronomia de observação ressurgiu no século XV, relacionada com a arte da navegação e com a reforma do calendário juliano que estava defasado em relação ao ano solar. Este movimento se iniciou com Georg von Peurbach, 1423-1461, da Universidade de Viena, e mais especialmente com seu discípulo Johann Müller, 1436-1476, o qual foi à Itália para estudar as versões gregas originais da astronomia de Ptolomeu. Müller se estabeleceu em Nuremberg, realizando observações com seu amigo e empregador Bernhard Walther ... Mais tarde, viajou a Roma para reformar o calendário, mas acabou falecendo antes de terminar a tarefa. Walther e seu amigo, o artista Albrecht Dürer, prosseguiram suas observações, de forma que quando Nicolau Copérnico, 1473-1543, começou seu trabalho, já se dispunha de um volume considerável de observações modernas e precisas. (1985, p.7-8, T. A.)

Divergências à parte e independentemente do fato de outros pesquisadores, além dele, já terem questionado o posicionamento da Terra no Universo, o fato é que, na época de Copérnico, não se conhecia ainda qualquer tipo de equipamento que permitisse uma observação mais acurada do movimento dos astros e, portanto, a teoria copernicana se fundamentava mais numa nova postura especulativa que, propriamente, em parâmetros como os que, em nossos dias, tendemos a usar até com uma certa displicência.

Deixemos, todavia, o próprio Copérnico justificar suas atitudes, tão estranhas para aquela época:

Portanto, após considerar longamente esta incerteza da matemática tradicional, passou a intrigar-me o fato de que não existisse, entre os filósofos que estudaram de modo tão exato, em outros aspectos, os mínimos detalhes da esfera, uma explicação definida do movimento da máquina--mundo estabelecida em nosso favor pelo melhor e mais sistemático dos criadores. Por tal razão, tomei a mim a incumbência de reler os livros de todos os filósofos que pude obter, com vistas a verificar se qualquer deles alguma vez conjeturara que os movimentos das esferas do Universo eram diferentes dos supostos pelos que ensinavam a matemática nas escolas. E descobri, inicialmente, que, de acordo com Cícero, Nicetas acreditara que a Terra tivesse movimento. Posteriormente, verifiquei, de acordo com Plutarco, que outros haviam sustentado a mesma opinião ... Desse modo, supondo tais movimentos, que eu atribuo à Terra mais adiante neste livro, verifiquei finalmente, através de muitas e longas observações, que se os movimentos dos outros planetas fossem acrescentados à rotação da Terra e calculados com relação à revolução deste planeta, não só os fenômenos dos demais decorreriam disso, mas também a ordem e magnitude de todos os planetas e as esferas do próprio céu se uniriam de tal modo que nada podia ser alterado em nenhum ponto particular sem que se estabelecesse a confusão nos demais pontos e em todo o Universo. Por essa razão, no curso deste trabalho segui esse sistema. (Copérnico, *De Revolutionibus*, Carta ao papa Paulo III, apud Burtt, 1991, p.38-9)

É difícil de acreditar que, somente depois de Copérnico ter observado que os filósofos da Antiguidade já teriam pensado na possibilidade de a Terra se mover, é que ele realmente tenha começado a preocupar-se com o assunto. De toda forma, como se trata de uma carta ao Papa Paulo III, o objetivo mais evidente do texto não é provar se o pensamento de seu autor é ou não inédito, mas, justamente, afirmar que outros já tinham tido a liberdade de pensar sob parâmetros semelhantes, o que, por decorrência, deveria dar um certo teor de "naturalidade", e não de "subversão", às proposições copernicanas.

A introdução de Copérnico não me parece convincente. O fato de outros, no passado, terem pensado a Terra como uma esfera em movimento de forma alguma justifica que ele faça o mesmo. Afinal de contas, mesmo para o seu tempo, a justificativa para uma mudança radical no plano de sistematização deveria envolver, de uma maneira ou de outra, ou referências empíricas convincentes ou ilações lógicas de difícil contestação – o melhor seria usar ambas as ferramentas. O certo é que, por mais inquestionáveis que fossem os cálculos matemáticos copernicanos, eles, em si mesmos, não justificavam uma contestação cabal dos postulados ptolomaicos.

Deixando tais mazelas de lado, o que me parece de fundamental importância no texto de Copérnico é justamente ele ter detectado nas explicações ptolomaicas algumas dificuldades de cunho matemático ou, como ele mesmo diz: "após considerar longamente esta incerteza da matemática tradicional", o problema de a Terra possuir ou não movimentos parece se resumir à possibilidade maior ou menor de se expressar, na forma de uma equação matemática, um conjunto de postulados que garanta, no plano do discurso, o que era possível de ser observado com os próprios olhos.

Para Burtt (1991, p.38), no entanto, "matematicamente não está em questão qual dos dois sistemas é verdadeiro. Na medida em que a astronomia [da época] é matemática, ambos são verdadeiros, pois ambos representam os fatos, mas um é mais simples e harmonioso que o outro".

Em linhas gerais, o que parece estar em jogo é que o pensamento copernicano, na medida em que sintetizava – em linguagem matemática – os fenômenos astronômicos de forma mais simples que o ptolomaico, poderia fazer que os pensadores da época os tivessem como mais verdadeiros.

Os comentadores, no entanto, não são unânimes em aceitar as posições de Burtt. Ao que parece, o problema de simplicidade = realidade é mais uma perspectiva do próprio Copérnico do que uma realidade do ponto de vista do desenvolvimento da física (leia-se geometria – astronomia – matemática). Vejamos os comentários contundentes de I. Bernard Cohen:

> A afirmação de que o sistema copernicano foi uma grande simplificação da astronomia resulta de uma má interpretação. Esta afirmação é válida se considerarmos o sistema de Copérnico na forma rudimentar de um só circulo para cada planeta; no entanto, esta é apenas uma aproximação grosseira, como Copérnico bem sabia. Vimos que, para obter uma representação mais exata dos movimentos planetários, recorreu a uma combinação de círculos sobre círculos, reminiscência das construções epicíclicas de Ptolomeu, embora com objetivos diferentes. (Cohen, 1988, p.67)

Eis aí uma polêmica possível. Por que o sistema heliocêntrico foi, paulatinamente, se mostrando a verdadeira representação do real? Será que realmente Copérnico venceu Ptolomeu por ser mais simples? Esse é o argumento de Burtt e, diga-se de passagem, também foi o argumento do próprio Copérnico. Creio, no entanto, que tal discussão pode nos levar no máximo a um conjunto quase infinito de demonstrações envolvendo todas as equações matemáticas exigidas para a descrição de cada um dos sistemas sem que isso resolva o fundamental. O fato, um século e meio depois, de o próprio heliocentrismo ter se restringido às explicações da movimentação dos planetas e não do Universo como um todo, coloca o pensamento copernicano mais na condição de vanguardista de um amplo movimento de releitura do real do que, propriamente, como aquele que conseguiu sistematizar todas as bases fundamentais da mecânica – o que, como veremos, foi uma tarefa executada por um outro gigante do conhecimento científico moderno: Isaac Newton.

Vamos, primeiramente, ressaltar as reflexões de Cohen antes de procurarmos uma solução para os dilemas impostos pelo "deslocamento" da Terra (que "sai" do centro do Universo e "cede" seu lugar para o Sol):

> À parte os problemas puramente científicos, a ideia do movimento da Terra trouxe sérios desafios intelectuais ... é muito mais confortável pensar que a nossa casa está fixa no espaço e tem um só lugar próprio no esquema das coisas, em vez de ser um insignificante ponto rodopiando sem destino algures num Universo vasto e talvez infinito. A singularidade aristotélica da Terra, baseada na sua posição supostamente fixa, traz às pessoas uma sensação de orgulho que dificilmente podia surgir num planeta de tamanho medíocre (comparado a Júpiter ou Saturno) numa localização insignificante (posição 3 das 7 órbitas planetárias sucessivas). Dizer que a Terra é "apenas outro planeta" sugere que pode não se distinguir por ser o único globo habitado, o que implica que o homem não é único. E talvez outras estrelas sejam sóis com outros planetas onde podem existir outras espécies de pessoas. No século XVI poucas pessoas estavam preparadas para aceitar tais pontos de vista e a evidência das suas percepções reforçava os seus preconceitos... (Cohen, 1988, p.73)

Colocado o problema cultural subjacente às propostas copernicanas – o que, a meu ver, é a parte mais importante para o desenvolvimento de nossa discussão –, vale atacarmos diretamente a questão da "simplicidade":

> o sistema de um único círculo para cada planeta mais um para a Lua e dois movimentos diferentes atribuídos à Terra constitui uma versão simplificada do sistema de Copérnico ... Para tornar o seu sistema mais exato, Copérnico julgou necessário introduzir um certo número de complexidades, muitas das quais lembram os expedientes de Ptolomeu ... O centro do sistema solar e do universo, no sentido copernicano, não é exatamente o Sol, mas um "Sol médio" ou centro da órbita da Terra. Desse modo, é preferível designar o sistema de Copérnico por sistema helioestático em vez de heliocêntrico. Copérnico opõe grandes objeções aos equantos ptolomaicos. ... Para encontrar as órbitas planetárias que conduzissem a resultados concordantes com a observação, Copérnico acabou por introduzir círculos sobre círculos, em número superior ao de Ptolomeu. A principal diferença é que Ptolomeu introduziu tais combinações de círculos para explicar o movimento retrógrado, enquanto Copérnico explicou este movimento como consequência de os planetas se moverem nas suas órbitas sucessivas com velocidades diferentes ... A comparação (dos dois sistemas) ... não mostra que um fosse "mais simples" que o outro. (ibidem, p.66-7)

Cohen, com felicidade, coloca o problema no seu devido lugar. O embate se realizou sob uma infinidade de aspectos, mas o problema matemático – e o caráter de simplicidade maior ou menor da teoria copernicana – foi somente "mais um argumento" que fez parte das polêmicas da época. Deslocar o planeta para a órbita do Sol tem um significado maior que a precisão matemática, pois carrega consigo um "deslocamento" na concepção de homem, natureza, ambiente ou, em outras palavras, na conceituação de espaço e tempo.

O fato é que o embate entre Santo Agostinho e Santo Tomás de Aquino – ou, numa outra dimensão, entre Lactâncio e toda a patrística e Sacrobosco e a retomada do pensamento aristotélico –, já se colocou como uma espécie de "reação positiva" da intelectualidade católica romana, procurando detectar as necessidades dos "novos tempos", no sentido de construir um certo tipo de idealismo objetivo em contraposição ao subjetivismo da Alta Idade Média ou, mergulhando um pouco mais, a retomada do pensamento aristotélico procurava dar ao catolicismo a possibilidade de "perder os anéis sem perder os dedos", uma vez que obriga a construção de um discurso que "salve as aparências",[6] detectadas no processo de nascimento e primeiros movimentos de um processo revolucionário que vai durar mais de cinco séculos: a hegemonia burguesa.

Nesse embate, todos os instrumentos se mostraram legítimos. Tanto o tribunal da Santa Inquisição quanto os intelectuais defensores das ideias copernicanas não pouparam argumentos, tendo como denominador comum a possibilidade de sistematizar da forma mais clara e coerente possível o poder de Deus. Vale a pena, aqui, identificar a forma pela qual os argumentos foram sendo usados para que se pudesse desvendar o que, na verdade, eles encobriam e, portanto, o que explicitavam. Vejamos a fonte primária de um deles:

> Josué, pois, subiu ao Gálgala, e com ele todo o exército dos combatentes, homens valentíssimos. E o Senhor disse a Josué: Não os temas; porque eu os entreguei nas tuas mãos; nenhum deles te poderá resistir. Josué,

---

6 Salvar as aparências, para a presente discussão, não se refere a qualquer tipo de maquiagem discursiva que permita esconder as mazelas do mundo, mas, ao contrário, à construção de um discurso que, de uma maneira ou de outra, se vincule ao observado e, portanto, tenha na aparência fenomênica sua âncora justificadora.

pois, tendo marchado toda a noite desde Gálgala, deu de repente sobre eles; e o Senhor os desbaratou à vista de Israel, o que infligiu-lhes uma grande derrota junto de Gabaão, e foi-os seguindo pelo caminho que sobe de Bet-horon, dando neles até Azeca e Maceda. Enquanto eles fugiam dos filhos de Israel e estavam na descida de Bet-horon, fez o Senhor cair do céu grandes pedras em cima deles até Azeca, e morreram muitos, mais pelas pedras do granizo, do que pelos golpes da espada dos filhos de Israel.

Então Josué falou ao Senhor no dia em que entregou o amorreu nas mãos dos filhos de Israel, e disse em presença deles:

Sol, detém-te sobre Gabaão, e tu, lua, sobre o vale de Ajalão.

E o Sol e a lua pararam até que o povo se vingou de seus inimigos.

Não está isto escrito no Livro do Justo? Parou pois o sol no meio do céu, e não se apressou a pôr-se durante o espaço de um dia. Não houve nem antes nem depois um dia tão longo obedecendo o Senhor à voz de um homem, e pelejando por Israel. (Bíblia Sagrada: Jos., 10: 7-14)

Como se vê, estamos frente ao inelutável. Numa época em que uma citação bíblica tendia a ser argumento maior que quaisquer cálculos matemáticos, a ideia de Josué ter parado o Sol e a Lua já era prova, mais que irrefutável, de que o Sol é que se movia em torno da Terra e, portanto, as proposições de Copérnico não eram mais que pura fantasia.

O outro lado da polêmica, por sua vez, iniciava seus argumentos pela tentativa de deslegitimar os detratores:

Tampouco duvido que matemáticos hábeis e proficientes concordarão comigo se, o que a filosofia requer desde o início, examinarem e julgarem, não superficialmente, mas em profundidade, o que eu reuni neste livro para comprovar essas coisas. A matemática é escrita para matemáticos,[7] para os quais estes meus trabalhos, se não estou enganado, parecerão trazer alguma contribuição ... O que ... eu possa ter logrado com isto, deixo à decisão de Sua Santidade, especialmente, e a todos os demais matemáticos eruditos. Se, porventura, existirem tolos que, juntamente com os que ignoram toda matemática, se arroguem o direito de decidir no que concerne a estas coisas e, por causa de alguma passagem das Escrituras, maldosamente distorcida para justificar seus propósitos, ousem atacar este meu trabalho, tais pessoas não têm qualquer importância para mim e, nessa

---

7 Estaria Copérnico abrindo caminho para um novo tipo de sacerdote? Não estaria implícito em sua afirmação um certo tipo de ironia ao desautorizar os "não matemáticos" a fazer afirmações sobre verdades que lhes passariam ao largo? Fica como questão.

medida, eu desprezo seus julgamentos como irrefletidos. (Copérnico, apud Burtt, 1991, p.40)

Não há dúvidas quanto ao posicionamento de Copérnico. O embate proposto ao próprio Papa tem o sentido óbvio de eliminar, gostaria ele pela própria raiz, qualquer uma das objeções que – e ele bem sabia – seria levantada para colocá-lo no ridículo.

Cohen e Burtt, portanto, fazem leituras diferentes das razões e, por conseguinte, das resultantes da revolução copernicana. A leitura do segundo aponta-nos com firmeza o papel da simplicidade enquanto o primeiro afirma que tal conclusão não passa de uma simplificação do problema.

A que tal polêmica nos leva? Na medida em que não nos interessa escolher entre um e outro comentador – já que não é o desenvolvimento da astronomia o eixo deste trabalho mas, sim, a construção do nosso conceito de Espaço –, creio que poderemos destacar aqui alguns pontos de sustentação:

1 Como já observamos no capítulo anterior, um dos movimentos fundamentais que iria caracterizar o significado do que é "verdadeiro" ou "falso", do ponto de vista do conhecimento científico, seria a reincorporação da matemática como linguagem fundamental da possibilidade de apreensão do real (é sintomático que Burtt aponte a revolução copernicana como uma retomada do pitagorismo – o que, por sua vez, parece colocar o platonismo redivivo no confronto milenar com Aristóteles).[8]

2 Mas, independentemente de serem as proposições copernicanas mais simples ou tão complexas quanto as de Ptolomeu, não há contestação quanto ao fato de o discurso do primeiro ter se tornado paradigmático para o entendimento de mundo que se foi construindo desde o século XI, e que tem em Copérnico um divisor de águas da maior importância.

3 Não há como desvincular tal processo do contexto em que ele se inscreve, isto é, da chamada "revolução comercial" a qual, do ponto de vista prático, só pode ser olhada como um redimensionamento radical da territorialidade europeia, uma vez que as transformações da vida coti-

---

8 A retomada do platonismo será comentada mais adiante.

diana são definidas por uma simbiose entre as mudanças no processo de produção e reprodução da vida tanto internos quanto externos à Europa.

4 Na medida em que novos territórios foram sendo incorporados à realidade europeia – movimento de releitura de mundo com um caráter profundamente empiricista –, o discurso copernicano vence o ptolomaico porque incorpora as novas certezas e dúvidas da burguesia emergente. Não importa, portanto, quão verdadeiro é o pensamento de Copérnico, o que importa, de fato, é que ele faz parte de um movimento muito mais amplo, no qual espaço e tempo tornam-se as categorias por excelência de entendimento do mundo, mas evidentemente não se fala aqui de quaisquer espaços e tempos, mas daqueles que se conceituam a partir de sua matematização.

Vejamos.

Tanto a astronomia quanto a cartografia ptolomaica apontavam para uma sistematização do mundo na forma de círculos concêntricos. Esteja a Grécia, a Europa ou a Terra no centro, a representação se faz a partir do olhar do observador.[9] Os avanços territoriais em direção à Ásia e à África incorporam informações mas não impõem mudanças no sistema de leitura. A experienciação da espacialidade europeia define-se por incorporação cujo ponto alto – no feudalismo – não necessita romper com o caráter imanente e teogônico da diferencialidade.[10]

O surgimento da burguesia, por sua vez, vai exigir uma nova leitura. As coisas deixam de ser "coisas em si" para serem em potência, isto é, para serem entendidas como matérias-primas. O que define seu valor é a capacidade de abstrair no presente a possibilidade do futuro, isto é, diferenciar entre o dado e o possível, cujo ritmo é definido pela capacidade produtiva vinculada a uma leitura do mundo enquanto recurso (presente) e mercado potencial (futuro).

Tais mudanças obrigam a um deslocamento do sujeito – ao se olhar o mundo em perspectiva é possível a um mesmo sujeito estabelecer, muito

---

9 Há que considerar que – como já verificamos no capítulo anterior –, além das leituras de Ptolomeu, outros processos de leitura do mundo tinham igualmente o observador como centro (as artes plásticas e a música foram os exemplos que usamos anteriormente).

10 Ruy Moreira identifica com muita felicidade a associação entre tais concepções e a noção de "acidente geográfico" (ver Moreira, 1993).

além de uma hierarquia locacional, uma leitura multidirecionada do fenômeno, isto é, vê-lo de diversos ângulos sem estar, necessariamente, presente em nenhum.

A cartografia-portulana incorpora uma parte substancial de todo esse dilema mas não o resolve. A loxodromia, ao trabalhar com um amplo conjunto de "pontos de sustentação", permite remedições das distâncias por parte de seus usuários, os quais, no entanto, devem se relacionar diretamente com o fenômeno, transformando-o em pontos de referência fixos. Como veremos mais adiante, a projeção de Mercator "coloca o observador" no centro da esfera, isto é, num lugar em que, de fato, ele não pode estar, o que lhe permite precisar qualquer ponto sem, na verdade, estar em nenhum – essa é a diferença entre a geometria dos planos em relação à dos sólidos, sendo a última uma exigência ou decorrência da possibilidade de se ler o mundo em perspectiva.

É aí, justamente, que os postulados copernicanos respondem com precisão. Não me parece difícil imaginar que mais complexo que o número maior ou menor de epiciclos – e, portanto, o maior ou menor número de cálculos matemáticos – é a possibilidade de tirar a Terra do centro do Universo e colocá-la em movimento. Essa não foi a vitória de um homem, foi a vitória de uma nova maneira de viver e, portanto, de se relacionar com o mundo e observá-lo.

A afirmação de que Copérnico não possuía, entretanto, mais informações sobre o universo que seus predecessores ou contemporâneos toma aqui um duplo sentido. Num primeiro momento isso pode nos levar à estupefação contida no questionamento feito por Burtt e que já reproduzimos aqui; num segundo momento tal dilema se dilui diante da própria astronomia, na medida em que, efetivamente, o *De Revolutionibus* carrega consigo a contemporaneidade das viagens de Vasco da Gama, Colombo e tantos outros, além das novas perspectivas nas artes e nas técnicas, e a retomada e reconstrução da linguagem essencial: a matemática. Essa conclusão também é – com algumas diferenças escalares – a de Burtt e, nesse sentido, concordamos com ele.

> A concepção que fazemos atualmente da matemática como uma ciência ideal e da geometria, em particular, como ciência que se ocupa de um espaço ideal, ao invés de constituir o espaço real em que o universo se encontra, era uma noção praticamente inexplorada antes de Hobbes e que

não mereceu crédito até meados do século XVIII ... O espaço da geometria parece ter sido o espaço do universo real para todos os pensadores antigos e medievais que deixaram algum indício de suas noções a respeito da matéria.

...

O mundo era uma harmonia infinita onde todas as coisas têm suas proporções matemáticas. Por conseguinte, "conhecer é sempre medir", "o número é o primeiro modelo das coisas na mente do criador"; em outras palavras, todo conhecimento seguro acessível ao homem deve ser conhecimento matemático...

Copérnico pode dar esse passo porque ... ele se havia colocado definitivamente nesse movimento platônico de dissensão ... Ele próprio se convencera de que o universo é integralmente composto de números e, por conseguinte, o que quer que fosse matematicamente verdadeiro seria real ou astronomicamente verdadeiro. (Burtt, 1991, p.35-6, 42-3.)

Toda essa discussão nos coloca, ainda, um conjunto de questões: por que, num determinado período da história, Platão parece mais verdadeiro que Aristóteles e, depois, Aristóteles toma o lugar de Platão para, a seguir, novamente sucumbir?

É interessante notar o quanto tal polêmica é estéril. Tem-se aqui um pressuposto perigoso, apesar (e, talvez, justamente por isso) de confortável – a construção do conhecimento humano se faz em nome de dois gigantes gregos e sua história não passa de um jogo cíclico entre eles.

Para os pontos de vista que procurei defender até aqui, creio que não é demais afirmar, em primeiro lugar, que discutir se Copérnico é ou não mais simples que Ptolomeu é, efetivamente, uma tergiversação, e deslocar a questão para uma luta entre gigantes – Platão e Aristóteles, no caso – é pura reificação. Ambas as discussões são estéreis, mas a segunda nem mesmo atinge o alvo (Copérnico) quanto mais o contexto (os primeiros movimentos do longo parto da burguesia).

A necessidade de harmonia, simplicidade, matematização, unidade de pressupostos no tratamento da diversidade fenomênica observável, mais que uma pressuposição (neo)platônica, são imposições de uma realidade que não foi proposta por Platão mas, no máximo, que o pensamento platônico parecia, de alguma maneira, responder. A procura de fundamentos nos textos aristotélicos, ptolomaicos, platônicos ou, mesmo, das Sagradas Escrituras, tem um sentido muito mais legitimador que, propriamente, inspirador. O texto de Copérnico que reproduzimos anteriormente, no qual ele justifica e legitima sua curiosidade no fato de que pensadores antigos não tinham sido censurados, é evidência plena do que aqui estou afirmando.

Mas que necessidade seria essa que associou harmonia, simplicidade, matematização etc. como sinônimos de verdade?

A resposta para tal questionamento estamos tentando construir desde o início do capítulo e vamos desenvolvê-la até o final do presente trabalho. O que nos interessa neste momento realçar são os seguintes pontos:

1 Em que medida as novas necessidades criadas a partir do século XI e geradoras das leituras fundadas na sincopagem do tempo e delimitação métrica do espaço são a resultante e, ao mesmo tempo, o ponto de partida para que espaço e tempo sejam lidos como coisas em si, receptáculos homogêneos da diferencialidade fenomênica.

2 Em que medida, por decorrência, o espaço e o tempo, como coisas em si, fundamentam a ideia de absoluto e, portanto, em relação a que o absoluto é absoluto – isto é, qual é a identidade do relativo que permitirá colocar sob controle o movimento – criando a nova metafísica (que não é platônica nem aristotélica mas, sim, a leitura burguesa de mundo).

3.6 De volta a Mercator

A novidade do mapa de Mercator, portanto, pode ser vista de dois ângulos distintos: de um lado, um ato individual que rapidamente (para os moldes da época) é absorvido pelos que fazem uso da cartografia; de outro, um ato individual que expressa a necessidade de uma época e que, por isso mesmo, é rapidamente absorvido pelos que fazem uso da cartografia.

Optarei aqui pela segunda possibilidade já que me parece evidente que Mercator, a despeito de sua genialidade, é um contemporâneo dos debates em torno de Copérnico e Giordano Bruno, é um homem no meio da luta entre protestantes e católicos, é plenamente conhecedor das viagens de Colombo e Vasco da Gama e, por isso mesmo, com acesso privilegiado aos portulanos (cartas e crônicas); é, por fim, entre muitos, depositário dos questionamentos propostos pela nova e estarrecedora geografia que naqueles tempos dá seus passos mais gigantescos e, por isso mesmo, fará o que foi feito por todos aqueles que aqui citei e comentei: absorverá, além dos limites já colocados, a redefinição dos paradigmas científicos necessários à releitura do mundo novo, construído pelo e no processo de consolidação/hegemonização burguês.

Comecemos com o elemento mais significativo da diferencialidade entre a cartografia-portulano e a de Mercator e, para tanto, não necessitaremos mais que uma rápida observação dos mapas que comentei nos Capítulos 1 e 2 e daquele reproduzido na Figura 7. Vejamos:

- Como já chegamos a verificar, os mapas portulanos firmam-se na concepção de loxodroma,[11] ou *linha de rumo*. Partindo de um ponto de visada, definia-se uma rede de pontos que permitisse a triangulação do território cartografado.
- Tal triangulação exige, também como já foi observado, a "presença" do sujeito na superfície terrestre, e, na observação dos mapas assim desenvolvidos, verificamos que, independentemente do fato de o cartógrafo estar presente ou ausente – e, portanto, ter ou não sido testemunha ocular do processo de medição –, a leitura cartográfica exige de seu usuário um percurso mental "ponto a ponto" para, em movimentos subsequentes, reposicionar-se em uma nova visada.

Para que possamos mergulhar no contraponto representado pela projeção de Mercator teremos agora de dar um pouco mais de atenção

---

11 No Dicionário Cartográfico de Cêurio de Oliveira (Oliveira, 1983) veem-se as seguintes proposições:

loxodroma. V. linha de rumo.

loxodrômica. Diz-se da linha que apresenta sempre o mesmo rumo, ou a mesma direção da bússola.

linha de rumo. Linha da superfície da Terra que conserva o mesmo ângulo com todos os meridianos; os paralelos e os meridianos que, igualmente, conservam direções verdadeiras constantes podem ser considerados casos especiais da linha de rumo. Uma linha de rumo é uma reta em uma projeção de Mercator. O mesmo que espiral *equiangular; loxodroma; curva loxodrômica; rota de Mercator*.

carta-portulano. Carta marítima mediterrânea, com informações sobre distâncias e outras, além das linhas de rumos, segundos os diversos ventos, a partir de um ponto central. Como, em geral, não tinha graduações de longitude nem de latitude ... trazia pequenas escalas em linhas italianas.

ao discurso dos cartógrafos. Vamos acompanhar mais de perto os comentários feitos por Erwin Raisz no seu livro *Cartografia geral* (1969):

> É muito fácil desenhar sobre uma esfera um sistema de paralelos e meridianos, mas sua representação num plano necessita de cuidados especiais, pois a superfície esférica não é achatável sobre um plano sem dobras ou rachaduras...
>
> São vários os métodos existentes para sanar esta dificuldade. O mais simples consiste em circunscrever à esfera, um cilindro (Fig. 5.1a), ou um cone (Fig. 5.1b) ou em colocar um plano tangente à esfera (Fig. 5.1c), e projetar uma parte da rede de meridianos e paralelos, a partir do centro da esfera, ou de outro ponto convenientemente escolhido, sobre o cilindro, o cone ou o plano tangente. Cortando depois o cilindro ou o cone numa geratriz e desenrolando-o sobre o plano, obtém-se uma rede de meridianos e paralelos resultante do tipo de projeção. (p.57)[12]

O que mais nos importa em suas explicações – e, de forma evidente, nas imagens que aqui reproduzo – é a afirmação de que, após a circunscrição da esfera, a projeção poderá ser feita "a partir do centro da esfera, ou de outro ponto convenientemente escolhido". Em outras palavras, para se desenhar um mapa o sujeito deve, necessariamente, deslocar-se da superfície da Terra, observando-a a partir de seu centro "ou de outro ponto convenientemente escolhido".

Deixemos de lado, momentaneamente, o desenvolvimento desses comentários, e vejamos o que o mesmo autor observa sobre Mercator:

> Mercator desenhou um mapa-múndi ... em 1569, e descreveu seus princípios e propriedades sobre o próprio mapa. Esta projeção tem paralelos horizontais e meridianos verticais. Os meridianos estão locados de tal forma que o espaçamento entre eles é verdadeiro no Equador, naturalmente considerando a escala.
>
> ...
>
> Da definição inicial conclui-se que a projeção é conforme, isto é, tomando-se nela qualquer pequena área, a sua forma permanecerá a mesma, tanto no globo quanto no mapa. Contudo, com a variação da escala, as áreas extensas serão consideravelmente deformadas...

---

12 A numeração das figuras segue o original que reproduzo no Anexo como Figura 8; as imagens foram editadas para que pudessem ser mais bem visualizadas que as do original.

A principal propriedade deste sistema é que mostra todos os azimutes (loxodrômicas) como linhas retas. Isto é de importância na navegação.

Como os meridianos convergem nos polos, as loxodrômicas aparecem sobre o globo como linhas curvas, em especial ao redor dos polos, que elas nunca alcançarão no sentido matemático.

O menor percurso entre dois pontos sobre o globo é um círculo máximo, mas, para seguir este curso, um navio terá que continuamente trocar seu rumo. Então, para encurtar distâncias, os navios frequentemente seguem linhas de rumo retas, ou loxodrômicas ... Ele lê o rumo desta linha com o auxílio da rosa dos ventos impressa na carta e mantém seu navio sob este rumo... (p.60-2)

Como podemos perceber, o autor não tem nenhuma preocupação em contextualizar Mercator historicamente mas, apesar disso, nos fornece dados de suma importância:

- Na medida em que procura identificar, geometricamente, a forma pela qual Mercator cria sua projeção, oferece-nos imediatamente seu grau de praticidade. Vemos que, diferentemente dos portulanos, um mapa em escala planetária com esse tipo de projeção facilita a definição dos percursos. Evidentemente, o problema de escala (definindo distâncias) assume menor valor em função do fato de que é possível, identificando a latitude, estabelecer-se uma tabela de conversão. O elemento central da projeção mercatiana é o fato de preservar as distâncias angulares e, nesse sentido, garantir a precisão em relação ao rumo a ser seguido pelos navegantes.

- Um outro aspecto, igualmente definitivo, é que os portulanos, ao definirem ponto a ponto as relações dadas pela distância, perdem seu sentido prático na medida em que se reduz a escala, o que não seria um problema grave se as navegações tivessem permanecido nos limites do Mediterrâneo, mas transforma-se num entrave uma vez que a territorialidade europeia passa a ter as dimensões do próprio planeta.

Assim, Mercator confirma e aprofunda o paradigma renascentista ao incorporar na linguagem cartográfica a ideia de projeção, deslocando definitivamente o lugar do sujeito observador. É, portanto, a relação sujeito-objeto que está em jogo e é a partir desse deslocamento que o século XVII verá nascer o pensamento cartesiano e a física newtoniana. Mas esse será o assunto do próximo capítulo.

Por fim, o que as imagens retiradas do livro de Raisz não nos permitem observar procuramos reproduzir na Figura 9. A noção de projeção envolve, efetivamente, a transformação da figura tridimensional (esfera) em bidimencional (o plano) com os mesmos recursos já desenvolvidos pela da projeção nas artes plásticas. Verificamos, no entanto, um passo a mais dado por Mercator.

Vejamos:

- Se temos em mente a imagem de uma esfera, isso pressupõe a possibilidade de defini-la como a união de infinitos círculos de mesma dimensão e, por isso mesmo, passível de interseção de infinitos raios, de mesmo tamanho, em infinitas direções (ser a imagem da esfera a resultante de um círculo em rotação é igualmente possível, e não interfere na resultante das proposições aqui colocadas).
- Raciocinando dessa maneira, podemos imaginar que a imagem superficial da esfera expressa, efetivamente, o ponto externo dos raios que, em número infinito, partem de seu centro. É justamente tal raciocínio que nos permitirá identificar, para qualquer um deles, uma distância angular específica, desde que venhamos a escolher um círculo qualquer de referência.
- Do ponto de vista das latitudes, a ideia de Equador já era conhecida havia séculos; o problema é que, ao passar para a forma bidimensional faz-se necessária a identificação de uma perpendicular fixa que, intersecionada ao Equador, permita rastrear a posição dos raios em quaisquer pontos em que se encontrem – o meridiano principal. Diferentemente dos pintores do Renascimento, Mercator não observa a tridimensionalidade fenomênica, transformando-a numa ordem geométrico-matemática para representá-la na bidimensionalidade, de forma que o sujeito seja capaz de identificar profundidades por um processo que, não só ilude seu olhar, mas igualmente sua "leitura" sobre o que o olhar é capaz de captar. Mercator, na verdade, imagina o planeta como uma esfera perfeita e projeta-a sobre um plano para que assim ela possa ser vista. Há, portanto, uma deformação proposital da imagem para que entre a escala de observação cartográfica (pe-

quena escala) e a fenomênica (1:1) o ato de deslocamento permaneça o mesmo. Em outras palavras, Mercator erra para que os marinheiros possam acertar.

3.7 Mais alguns "ângulos" sobre o problema da projeção

Vou partir aqui do fato de Bakker (1965, p.165) identificar a posição de Mercator como uma variação da " projeção cilíndrica equatorial gnomônica", o que pode dar sustentação a afirmações de que o pressuposto de que a projeção cartográfica nasce com Mercator é questionável.

Não seria a cartografia ptolomaica um certo tipo de projeção? Não poderíamos fazer o mesmo questionamento em relação às cartas-portulano? Uma resposta positiva a tais questionamentos, evidentemente, colocará em questão uma parte considerável do que vimos afirmando até aqui e, portanto, é melhor explicitá-la que deixá-la em aberto para uma discussão não sistemática.

Vamos identificar nossos principais pontos de sustentação:

1 É fato que os 27 mapas de Ptolomeu possuem um sistema de coordenadas.

2 É fato que tal tipo de construção cartográfica exige uma concepção da forma do planeta que está além da capacidade de comprovação empírica do geógrafo grego.

3 É fato que o sistema de coordenadas de Ptolomeu exigiu uma leitura do planeta com base em referências astronômicas e, portanto, em um certo tipo de projeção.

4 É fato, ainda, que as transformações propostas por Nicolau de Cusa já pressupunham uma releitura das possibilidades geométricas de construção do sistema de coordenadas (de uma estrutura circular para a piramidal), mas não rompiam com a ideia de planeta originária de Ptolomeu.

5 A mesma afirmação podemos fazer em relação às cartas-portulano, já que o sistema de linhas de rumo exigia uma pré-articulação da ordem geométrica para, depois, identificar em que ponto, em relação ao sistema de triangulação, encontra-se cada um dos fenômenos representados.

6 A navegação portuguesa dos séculos XV e XVI, ao procurar responder às dificuldades colocadas pelas cartas-portulano nas grandes dis-

tâncias, vai plotar sobre o sistema triangular um sistema de coordenadas fundado na observação astronômica em relação à "agulha de rumo".

Esse conjunto de argumentos, no entanto, não coloca em questão a afirmação de que Mercator tenha criado o sistema de projeção cartográfica que, com adaptações as mais variadas, é até hoje a inspiração básica da representação terrestre. A diferença de Mercator em relação a seus antecessores está justamente no ato de conceber a Terra como uma esfera e, a partir dessa figura geométrica sólida (tridimensional) e não da superfície (bidimensional), identificar o "ponto de fuga" que lhe permite traçar o sistema de coordenadas, em que o nível de distorção esteja matematicamente (e antecipadamente) controlado.

Portanto, a positividade dos pressupostos alinhados nos seis itens anteriores se alinha com as afirmações de Marques (1987), que chega a afirmar a inexistência de projeções no período das cartas-portulano.

Trata-se, com certeza, de uma discussão técnica de máxima importância. A projeção identificada por Bakker foi aquela desenvolvida pelos portugueses com base no posicionamento do Sol e, portanto, não se trata de uma projeção cilíndrica, no sentido preciso que tal afirmação possui (para ser cilíndrica o ponto de referência não pode ser o Sol mas a própria Terra, já que temos de diferenciar a construção do sistema de coordenadas da localização dos fenômenos que sobre ela são plotados).

Trata-se, portanto, de um recurso geométrico qualitativamente diferente do de Mercator, já que o que está em jogo em nossa discussão é a possibilidade de identificar-se o "lugar" do sujeito, isto é, de "onde" ele observa o planeta para desenhar o sistema de coordenadas. É esse deslocamento que permite ao pai da Cartografia Moderna desenvolver a teoria das "linhas de rumo em espiral" (ver Figura 10) e, com ela, a elaboração de sua projeção cilíndrica.

3.7.1 Digressões em busca de uma melhor contextualização

Para que possamos entender um pouco mais a posição de Mercator em todo esse processo vamos, aqui, fazer uma pequena digressão e, para isso, retomarei o texto de Szamosi (1994) que nos acompanhou em alguns momentos importantes dos capítulos anteriores:

Não foi, naturalmente, o método perspectivo por si que criou a grande arte ... Nas mãos dos grandes artistas, porém, tornou-se o meio de "recriar a realidade de tal forma a convencer os olhos e a mente", como escreveu o historiador de arte John White. Ter criado harmonia entre olho e mente, estabelecendo uma correspondência entre percepção e representação simbólica, foi um dos maiores feitos dos artistas da Renascença ... Numa época em que nem a ciência nem a filosofia foram capazes de oferecer quaisquer ideias novas e excitantes sobre o mundo, artistas ... puderam definir, formular e responder as importantes, embora não expressas, questões da época: Que é que vemos quando vemos? Como aprendemos quando vemos? Que é que a visão pode dizer sobre o mundo e sobre a função do homem nele? Quais são os aspectos visuais dos sentimentos, preocupações e valores humanos importantes, e como podem ser expressos? (p.122-4)

O texto de Szamosi, mais uma vez, oferece-nos uma rica imagem dos questionamentos de uma época, os quais, de forma muito mais genérica, pareceram-me comuns a todas as expressões cultas do Renascimento, isto é, questionarmo-nos sobre o que aprendemos e como aprendemos a partir do olhar é, em última análise, colocar o sujeito em questão em dois momentos fundamentais do processo de construção cultural: o da observação – relação sensória ou sensação – e o da sistematização – a superação do imediato pelo mediatizado, isto é, a construção do discurso.[13]

As constatações feitas por Szamosi (1994) logo a seguir vêm complementar a discussão:

Em várias épocas através da História, pintores de várias civilizações descobriram e usaram muitas dessas deixas sofisticadas, enquanto as deixas visuais da perspectiva linear ... foram introduzidas na pintura apenas uma vez. Isso é um fato notável, especialmente se levarmos em conta que as leis teóricas da perspectiva foram descobertas muito antes da Renascença. A teoria era conhecida tanto por gregos como por romanos; suas bases geométricas já foram claramente descritas na *Ótica* de Euclides ... Mas quando, no "quatrocento" ... as leis da perspectiva linear foram postas em prática, os efeitos atingiram muito além da esfera artística ... Assim, o uso

---

13 É evidente que o que nos preocupa, neste momento, é o olhar "genérico" do sujeito sobre o planeta. Trata-se de uma impossibilidade empírica, cuja única saída é dar um sentido de unidade, pervertendo a escala do sensório, na forma de cartas ou mapas.

difundido da técnica da perspectiva geométrica nas artes tornou-se nova fonte e suporte da emergente intuição ocidental de que a racionalidade que podia ser criada pela mente humana no reino dos conceitos também podia ser criada no mundo das percepções sensoriais, e de que, para tornar o mundo racional e ordenado, temos primeiro que tornar racionais e ordenadas as nossas percepções. (p.124-5)

O sentido geral dessas reflexões sugere-nos perguntas cujas respostas tenderão a levar-nos ao puro subjetivismo. Por que razão uma discussão secularmente posta (as possibilidades de sistematização geométrica do fenômeno ótico) só se transformou em linguagem de sistematização fenomênica no Renascimento? Encontramo-nos, portanto, diante de uma dúvida já ressaltada no Capítulo 1. Voltemos, então, à mesma linha de raciocínio. Se podemos afirmar que a tridimensionalidade do olhar é um dado comum aos humanos e que o ferramental conceitual necessário à transposição da sensação em representação já era um dado secularmente disponível, não conseguiremos compreender a carência do uso sistemático de tais ferramentas se nos mantivermos, de forma simplória, no interior desse aparente paradoxo.

Superá-lo, no entanto, exige uma constatação: o jogo de determinações que define o processo mediador entre a sensação e sua representação ultrapassa os limites da simples condição técnica, ou seja, se é possível afirmarmos que o uso da geometria projetiva permitiu uma verdadeira revolução na capacidade humana de observação e sistematização fenomênica, não podemos deixar de identificar que o uso de tal recurso não é aleatório, mas se constitui – e, portanto, só se torna compreensível – no interior das mudanças sociais em que a representação tridimensionalizada na bidimensionalidade de uma tela é resultante e condição. A arte, portanto, só pode ser entendida como condição da transformação no processo de leitura de mundo se, e somente se, for entendida como mais uma dimensão de um processo amplo e geral da forma pela qual se produz e reproduz a vida em uma dada sociedade.

É com esse "olhar" que poderemos discutir as afirmações de Szamosi (1994) citadas mais adiante:

A Renascença foi, assim, a época em que teve início o exame consciente e sistemático do espaço como fonte de experiências sensoriais humanas. O espaço emergente da arte renascentista abriu um novo mundo simbólico que podia ser manipulado e investigado e no qual ... podiam ser construídos e estudados ... O novo espaço visual da Renascença mudou não somente o modo pelo qual as pessoas sentiam o espaço, mas também a maneira como pensavam sobre ele. O espaço calmo, neutro e organizado dessa época não mais se baseava em símbolos e valores imaginários do sobrenatural, mas nas regras mensuráveis e matematicamente descritíveis da percepção visual. Os pontos e regiões importantes do espaço eram os de significado visual e não religioso. O tamanho agora indicava a distância e não mais a graduação religiosa ou secular. A alegoria espacial ficou em segundo lugar em relação à realidade visual. Na pintura, os pontos de fuga e as linhas do horizonte representavam os limites realistas da percepção visual, não os limites do espaço e do mundo humano. O "esquerdo" não era pior que o "direito", pois ambos eram igualmente visíveis. Mesmo o "acima" não era necessariamente superior ao "abaixo"; seus méritos respectivos eram sujeitos a discussão. (p.126-7)

Não se trata, evidentemente, de discutirmos aqui quem veio primeiro: se novas maneiras de viver criaram a arte renascentista ou se o inverso seria mais verdadeiro. É nesse ponto que Szamosi se engana. Afirmar que "A Renascença foi, assim, a época em que teve início o exame consciente e sistemático do espaço como fonte de experiências sensoriais humanas" não é o mesmo que afirmar que "O novo espaço visual da Renascença mudou não somente o modo pelo qual as pessoas sentiam o espaço, mas também a maneira como pensavam sobre ele". Creio que o mais correto seria afirmar que as mudanças na dinâmica social expressas pela decadência do feudalismo manifestaram-se, também, na forma da "Arte Renascentista". A plenitude dessa experiência não se realiza porque ela se impõe a uma sociedade impermeável aos seus apelos, ao contrário, sua plenificação se dá, justamente, pela simbiose potencial que a mudança da linguagem artística teve com as mudanças na maneira de viver desse momento histórico. Não estou, evidentemente, tirando das expressões artísticas a condição de compor o conjunto de determinações do processo de transformação da vida humana. Creio que a imagem melhor seria a de "induzido-indutor", que enquanto especificidade só pode ser compreendido no interior de um movimento maior – o da sociedade como um todo.

Um outro aspecto a contestar nas afirmações de Szamosi é que "O espaço calmo, neutro e organizado dessa época não mais se baseava em símbolos e valores imaginários do sobrenatural, mas nas regras mensuráveis e matematicamente descritíveis da percepção visual...". O contraponto é, efetivamente, inadmissível. Precisamos nos perguntar qual seria a contraposição entre "significado visual e não religioso" quando a ordenação do objeto observado (e, portanto, detalhadamente transcrito) está absolutamente carregada do "significado religioso".

A diferença entre a arte medieval e a renascentista, sem dúvida, não está na eliminação de juízos de valor por parte do artista, mas simplesmente no fato de que ele (o artista) transpõe para o objeto o juízo de valor que ele mesmo expressa. As afirmações de Szamosi o aproximam, perigosamente, do positivismo lógico, retirando do sujeito a responsabilidade sobre a leitura do objeto – advogando sua neutralidade em nome de uma linguagem precisa e, portanto, inquestionável: a matemática. Estar "acima" ou "abaixo", "à esquerda" ou "à direita", muito longe de lançar para a pura indefinição a relação entre sensação e sistematização do sujeito, apenas aponta para a tendência de todo o *constructo* discursivo da ciência moderna – ali ainda dando seus primeiros passos – de uma aparente subordinação ao real, ao simplesmente sensório, retirando do foco da discussão o desvendar do jogo de mediações que permite ou não tal postura enquanto condição e resultante possível para a leitura do real.

Mais uma vez, a genialidade de Szamosi (1994) o trai e é aqui que terminaremos essa digressão:

> Ao discutir a evolução das novas noções de espaço, John White observou que nas pinturas pré-renascentistas "era possível ver o espaço gradualmente se ampliando para fora do núcleo do objeto sólido isolado...". Na Renascença, porém, "o espaço é criado primeiro e, depois, os objetos sólidos do mundo representado são arrumados nele...". Ou, como coloca White de modo ainda mais sucinto: "O espaço agora contém os objetos pelos quais antes era criado". Como resultado, o espaço não era mais influenciado pelo que continha, era imutável e indestrutível, estava sempre lá, vazio ou não, era mensurável e evocava um senso de expansão, de distância e de infinito. Em suma, evocava as características da percepção sensorial que deveriam vir a ser conceituadas mais tarde em Física como o espaço "absoluto". (p.127-8)

Voltamos ao ponto de reflexão anterior. A noção de espaço deixa de ser uma condição da adjetivação da ordem territorial dos objetos para ser substantivada enquanto condição apriorística da existência dos próprios objetos. Eis aí o novo juízo de valor. E é nele e com ele que é possível desenhar o planeta enquanto pura abstração para projetá-lo como coordenadas "puras" nas quais a presença dos objetos é simplesmente uma consequência.

Essa é a possibilidade da matematização do real, em que a linguagem se sobrepõe, transformando-se num *real a priori*. Parece não importar, para Mercator, onde está a Europa, a América, a Ásia ou a África e, nem mesmo, se um ou outro continente ainda estava por ser apropriado pelos europeus. A rede de projeção aparece como um elemento neutro, condição, em primeiro lugar, da representação, a qual, ao apresentar-se neutra perante o fenomênico, supera-o numa espécie de "hiper-realismo" ou, o que é o mesmo, na forma de uma metafísica das condições. A aparência, no entanto, se desvanece quando compreendemos que é a noção de espacialidade burguesa que se constrói como uma dimensão tanto da efetividade de sua ação como de seu discurso. Esta é, efetivamente, a unidade entre a arte e a ciência de uma época e, de forma muito mais evidente para a polêmica que construímos até aqui, a unidade entre Nicolau de Cusa, Nicolau Copérnico, Johannes Kepler, Galileu e Mercator, de um lado, e Américo Vespúcio, Pedro Álvares Cabral, Vasco da Gama, Camões e muitos outros, de outro.

A unidade deste texto é dada pelo que cada uma dessas personagens representa no embate paradigmático com que se defrontaram, na tradição que legaram e, principalmente, na possibilidade que deixaram para as polêmicas que hoje, novamente, colocam a relação sensação-discurso ou, melhor, sujeito-objeto, sob o crivo de novos atos e leituras.

O que veremos nos próximos capítulos, portanto, tem o sabor do requinte, do ajuste de rota, do amadurecimento das ideias no amadurecimento das relações.

4
Para se fazer do mundo uma grande Europa

> Assim, se os sentidos não fossem os nossos guias, talvez a razão ou a imaginação, em si mesmas, nunca tivessem chegado a elas. Por conseguinte, penso que todos esses gostos, odores, cores, etc., vinculados ao objeto em que parecem existir, não são nada mais que simples nomes, mas residem exclusivamente no corpo que os sente; de modo que, se o animal fosse removido, todas essas qualidades seriam abolidas e aniquiladas. No entanto, tão logo atribuímos a elas nomes particulares e diferentes dos conferidos aos acidentes primários e reais, somos levados a crer que elas também existem e são tão reais e verdadeiras quanto as últimas.
>
> (Galileu, apud Burtt, 1991, p.68)

4.1 Introdução

Se pude afirmar, no início do Capítulo 3, que nos séculos XV e XVI encontramos a mais radical e importante revolução geográfica da história da humanidade, o que faremos a seguir é dar continuidade à identificação de tal radicalidade.

Para tanto, teremos que enfrentar novos detalhes (novas continuidades/descontinuidades da espácio-temporalidade burguesa): o maravilhamento posto e reposto pelas terras que, paulatinamente, foram sendo conquistadas por portugueses, espanhóis e, depois, franceses, holandeses e ingleses. Cada rio, montanha, espécie vegetal ou animal ou expressão étnica novos vai compondo o sistema de produção e reprodução da vida originariamente europeu, compondo igualmente seu vocabulário, seus sistemas de referência éticos e filosóficos e seu próprio entendimento do que é ciência, do que é natureza e em que medida a parte e o todo se relacionam.

Se tomarmos o processo de colonização do território que veio a ser conhecido pelo nome de Brasil, poderemos facilmente identificar um certo tipo de procedimento dentro de todo esse processo. Como sabemos, é somente em 1530 (trinta anos depois de Cabral) que os primeiros movimentos de colonização efetivam-se realmente e, mesmo assim, sem um plano de apropriação territorial claramente delineado. Algumas famílias, animais domésticos e vegetais são "implantados" em São Vicente mais com o objetivo de atingir as terras que estavam sendo conquistadas pelos espanhóis que, propriamente, para se consolidar o poder português sobre a colônia.

O percurso histórico que vai do chamado "descobrimento" até a existência efetiva de um sistema produtivo mais perene da agroindústria canavieira é de quase um século e a radicalidade do processo está diretamente relacionada ao fato de que o estabelecimento do poderio colonial implica uma ruptura com toda a ordenação paisagística da colônia.

Se, num primeiro momento, o que se observa são movimentos relativamente simples de exploração da mata – numa relação que confunde colonialismo com extrativismo –, a efetivação do domínio, como já cheguei a comentar anteriormente, toma as feições de uma delimitação geometrizada do território pela via das capitanias hereditárias, mas se consolida efetivamente pela destruição da mata atlântica e sua substituição pela cana-de-açúcar.

Trata-se, portanto, mais uma vez, do fato de que o processo de expansão territorial implica uma tentativa desesperada de homogeneização paisagística já que a ordem da floresta – onde se insere a ordem tribal – era incompatível com a expansão da ordem burguesa.

O caso brasileiro, portanto, tal como todo e qualquer processo ocorrido no que veio a ser denominado continente americano, envolve um duplo processo de destruição-construção da ordem territorial, no qual o ato de destruir é a condição básica do próprio existir da colônia.

Como observa Capel (1995) no mesmo texto a que fiz referência em capítulo anterior:

> Em geral, o que impressiona nos primeiros cronistas são suas repetidas afirmações sobre a força do homem para dominar e modificar o ambiente natural; em especial através da introdução e aclimatação de plantas e animais europeus. Este fato permitiu que se formulasse, bem rapidamente, a ideia de que os colonos estavam contribuindo para transformar profundamente o território, até o ponto de que "se está domando (o clima), e aplacando o rigor da região com o domínio dos espanhóis, tal como os índios e os homens e animais naturais além de todos os outros desta terra" em particular graças à derrubada dos bosques e à multiplicação do gado que "com seus alentos e grandes rebanhos rompem o ar, tornam-no respirável e rompem significativamente os vapores". (p.269, T. A.)

A transformação das sociedades tribais (autóctones ou africanas) em trabalhadores escravos é um outro aspecto dessa reordenação. O trabalho com objetivos cumulativos é, efetivamente, a única relação social capaz de garantir o desenvolvimento e a consolidação do poder português e isso implicou um processo conjunto de reculturalização e genocídio cuja irracionalidade aparente é, de fato, a racionalidade necessária à redefinição da ordem territorial do pacto colonial – o mesmo poderíamos dizer do genocídio generalizado nas terras espanholas e, mais tarde, nas inglesas.

Não se trata aqui, evidentemente, de denunciar o que já está denunciado. O que necessitamos é rever nossa leitura, uma vez que por trás da célebre frase do General Custer de que "índio bom, é índio morto" esconde-se o fato de que índio morto é a condição da expansão territorial e, portanto, da mudança radical da geografia que está dada para uma outra que, na época, faz parte somente do imaginário dos colonizadores. Em outras palavras, há de construir-se uma nova geografia para que as terras novas deixem de ser novas e tornem-se uma extensão "limpa" e "segura" do "velho" continente europeu.

Como já chegamos a observar em capítulos anteriores, as exigências do processo envolveram mudanças discursivas igualmente radicais. Parece da maior importância a ênfase dada por Capel (1995), no mesmo artigo que reiteradamente vem sendo citado, o fato de que o enfrentamento da nova paisagem e sua necessária adaptação aos padrões produtivos europeus cria uma nova consciência e, portanto, um novo debate de cunho ambientalista. Na minha leitura do texto evidencio um duplo questionamento cujos desdobramentos são infindáveis:

- O que seria um ambiente propício? E a resposta imediata é, evidentemente, a própria Europa.
- O que é o ambiente das Índias e como fazê-lo propício? E a resposta é a nossa própria geografia, facilmente identificável em cada ponto do continente.

Para Capel (1995), duas correntes surgem numa polêmica cujo eixo está em desvendar até que ponto viver em um certo tipo de ambiente define o caráter de um povo.[1] O debate é importante na medida em que define, aprioristicamente, o significado do processo de subsunção da força de trabalho ameríndia e africana nos esquemas do pacto colonial. Todavia, o problema não para por aí.

Temos de levar em consideração que há uma grande diferença, tanto do ponto de vista quantitativo como do qualitativo, entre desvendar caminhos que nos permitam atingir pontos desconhecidos do planeta – o que a cartografia-portulano e de Mercator procuram responder com certa eficiência – e o estabelecer-se nas novas terras e dominá-las a ponto de transformá-las em uma extensão territorial do modo de vida europeu.

É esse um dos pontos importantes da referência bibliográfica levantada por Capel – já que ele desvenda o embate geográfico que serve tanto de pano de fundo para a luta ideológica como de ferramenta do próprio processo de apropriação territorial –, mas creio que nos bastaria citar um comentário feito por Robinson (1995), já que ele poderá nos dar as pistas fundamentais dessa mudança qualitativa da leitura geográfica imposta pelas novas relações sociais do mercantilismo:

> Até o Iluminismo, os mapas descreveram características como rios, montanhas, e cidades. O objetivo era localizar essas características ambientais individuais com tanta precisão quanto possível em um mapa de uma

---

1 Talvez um dos mais clássicos debates sobre o assunto tenha sido proposto por Montesquieu em sua célebre teoria sobre a ação das diferentes temperaturas sobre os "humores" e as consequências desastrosas do calor sobre o comportamento humano.

determinada escala. O enfoque está na *localização*, e a perspectiva é analítica. Representações desse tipo são chamadas de *mapas gerais de referência*.

...

O pulo conceitual do locacional para o espacial conduziu a representações de distribuições chamadas de *mapas temáticos*. Foram traçadas vegetação, tipos de rochas, clima, correntes oceânicas, densidade de população, e logo uma multidão de outras distribuições ... Em cada caso, a precisão do posicionamento era subordinada à variação espacial. Muitas distribuições, como terras ou clima, tiveram que ser derivadas de outros fenômenos, desde que eles não pudessem ser observados ou medidos diretamente. (p.26-7, grifos do original, T. A.)

Para que possamos, num simples olhar, entender as diferenças, bastará observarmos com atenção o mapa que reproduzi na Figura 11. Trata-se de um cartograma elaborado por Thodore de Bry's em 1592 e publicado como ilustração do livro que conta as viagens de Hans Staden ao Brasil por volta de 1550.

O que, de imediato, chama a atenção é a preocupação com a toponímia, o relevo e a hidrografia. A presença europeia e todas as suas marcas apagam, definitivamente, a geografia tribal. O mapa apresenta-nos o que está disponível – o problema é que, a cada passo, há que redimensionar a leitura dada em nome do desafio igualmente dado. É assim na América, é assim na Europa. Há que mudar as referências, que revolucionar o significado dos lugares: é o que Kepler nos mostra quando elege o Sol para a morada de Deus.

4.2 Kepler: espaço, linguagem, movimento

> Em primeiro lugar ... dentre todos os corpos do universo o mais notável é o Sol, cuja essência integral nada mais é que a mais pura das luzes que possa existir em qualquer estrela; que é, por si só, o produtor, conservador e aquecedor de todas as coisas; é uma fonte de luz, rico em frutífero calor, absolutamente claro, límpido e puro para a vista, a fonte da visão, pintor de todas as cores, embora, ele próprio, vazio de cor, denominado rei dos planetas; por seu movimento, coração do mundo; por seu poder, olho do mundo; por sua beleza, único que podemos considerar merecedor do Deus Altíssimo; desejara Ele um domicílio material para si, escolhendo um lugar onde habitar entre

> os benditos ... Portanto, como não é próprio ao criador difundir-se em uma órbita, mas, antes, proceder a partir de um certo princípio e até mesmo de um certo ponto, nenhuma parte do mundo e nenhuma estrela é merecedora de tão grande honra; então, pelas razões mais elevadas, voltamos ao Sol, o único que parece, em virtude de sua dignidade e poder, adequado a essa missão motora e digno de tornar-se a morada do próprio Deus.
>
> (Kepler, apud Burtt, 1991, p.46)

Johannes Kepler nasceu em 1571 e morreu em 1630, foi contemporâneo de Galileu e discípulo de Ticho Brahe,[2] e teve de enfrentar um dilema cruel que quase o levou ao suicídio:[3] com base nas observações de seu mestre e nos cálculos que ele próprio desenvolveu, descobrindo que a órbita da Terra ao redor do Sol não era circular.

Como uma descoberta desse tipo pode levar alguém a pensar em acabar com a própria vida é algo compreensível somente num contexto muito determinado e o texto que reproduzimos acima pode ser o ponto de partida para um melhor esclarecimento de tais circunstâncias.

---

2 Num livro intitulado *Mensageiro das dissertações sobre o Universo, contendo o mistério do Universo*, Kepler realizou um verdadeiro ajuste entre o posicionamento dos planetas e as figuras geométricas. Partindo dos sólidos regulares (tetraedro, cubo, octaedro, dodecaedro e icosaedro), Kepler desenvolveu o seguinte raciocínio, segundo a descrição de Cohen (1988): "Começou pelo mais simples dos sólidos, o cubo. Um cubo pode ser circunscrito por uma, e só uma, esfera, tal como uma esfera, e só uma, pode ser inscrita no cubo. Podemos então ter um cubo circunscrito por uma esfera n° 1 e contendo uma esfera n° 2. Esta esfera n° 2 contém precisamente o sólido regular seguinte, o tetraedro, que, por sua vez, contém a esfera n° 3. Esta esfera n° 3 contém o dodecaedro, que, por sua vez, contém a esfera n° 4. Acontece que neste esquema os raios das sucessivas esferas estão mais ou menos na mesma proporção que as distâncias médias dos planetas ao Sol no sistema de Copérnico, exceto no caso de Júpiter...

'Eu procuro', diz ele, 'provar que Deus, na criação deste universo móvel e na harmonização dos corpos celestes, tinha em vista os cinco corpos regulares da geometria, celebrados desde os dias de Pitágoras e de Platão, e que Ele tinha acomodado à sua natureza o número de céus, e suas proporções e as relações dos seus movimentos'" (p.167-9).

Foi com esse trabalho que Kepler foi convidado a trabalhar com Ticho Brahe, um anticopernicano convicto.

3 Cassini (1987) tem informações conflitantes às aqui expostas em relação ao suicídio de Kepler mas, apesar disso, não destoa das conclusões colocadas em relação ao dilema entre o círculo e a elipse. Trata-se, evidentemente, de uma bibliografia interessante a ser consultada.

Kepler, ao tomar conhecimento das propostas feitas por Copérnico, rapidamente as assumiu. Ele tinha em mente a possibilidade de Deus "morar" no Sol, e a possibilidade de compreender os movimentos do Universo colocando o Sol no centro de tudo lhe foi por demais simpática.

Sua fama, no entanto, não adveio de sua fé. Pelo que sabemos, ele dipunha de um vasto material – mapas celestes – legado de seu mestre, um dos mais famosos observadores do céu noturno a olho nu que a história já registrou.

Ticho Brahe, no entanto, olhava o mundo com base na física aristotélica e na astronomia ptolomaica e suas observações e registros não o levaram, em nenhum momento, a questionar tais pressupostos.

Kepler, por sua vez, possuía dificuldades de visão e, portanto, mesmo como discípulo, não conseguiu continuar a tarefa do mestre. Entretanto, não se podia questionar suas habilidades matemáticas e, por conseguinte, sua tarefa foi transformar as observações de Brahe em equações extremamente elaboradas.

Acontece que tanto Ptolomeu quanto Copérnico jamais colocaram em dúvida a perfeição divina – na verdade, esse era um dos pressupostos justificadores de ambas as teorias – e a fé de Kepler, mesmo tentando indicar o lugar ideal para a morada do Criador, sustentou durante anos o pressuposto de que o Universo para ser perfeito deveria ter seus movimentos absolutamente circulares (expressão máxima da figura geométrica perfeita). A figura elíptica que ele desvenda a partir dos mapas celestes de Brahe coloca-o, portanto, num dilema: ou tudo o que ele havia desenvolvido até ali não passava de um ledo engano ou... Deus não era perfeito.

Optar entre essas duas possibilidades é, sem dúvida, demasiadamente temeroso para um homem como Kepler, que só se tranquilizou quando descobriu que havia uma equivalência entre a velocidade do planeta e sua proximidade com o Sol – a Terra ao aproximar-se do Sol amplia sua velocidade, que, ao se distanciar, diminui –, de tal maneira que a área inscrita no plano da eclíptica era sempre a mesma. Eis aí mais uma prova da perfeição divina e, portanto, a salvação de Kepler.

O resguardo da fé, no entanto, trazia consigo uma profunda mudança de comportamento. Como já comentei, existe uma ampla discussão em torno de todo esse processo procurando envolvê-lo com o platonismo e, igualmente, identificando o processo de matematização geral do discurso com o pitagorismo. De certa maneira e com os limites já discutidos, Copérnico assim o fez e é com base em seus pressupostos que Kepler vai construir suas equações. Uma expressão comum aos comentaristas diz que ambos, como seus antecessores, procuram salvar as aparências, isto é, construir um discurso que possa, efetivamente, descrever o fenômeno tal como ele é visto.

Já observei, ainda, que no plano de ruptura que se foi construindo a partir do século XI, "salvar as aparências" assume novas conotações, pois temos um paulatino, mas evidente, deslocamento do sujeito observador, e faz-se necessário, então, salvar aparências até ali desconhecidas, ou melhor, não pensadas.

No caso de Kepler, o que se preserva não é a forma nem a quantidade – isto é, o movimento perfeitamente circular e a ideia de esferas concêntricas daí resultantes –, mas sim a própria linguagem: o mundo pode e deve ser lido como uma harmonia matemática.

O ajuste, portanto, não está no plano da aparência mas da essência, já que a perfeição do Criador ultrapassa os limites de uma forma fixa, para se garantir no plano do movimento, da processualidade fenomênica.

Kepler, tal como Copérnico, no entanto, já havia rompido com a ideia de que Deus teria criado a Terra num lugar específico do Universo. Tratava-se de uma especificidade capaz de permitir a afirmação de que a corruptibilidade dos elementos só acontece na esfera sublunar, já que sem corruptibilidade não há vida, não há pecado, não há o que salvar. Ao defender a ideia de que a Terra gira em torno do Sol rompe-se com o privilégio da criatura escolhida, realocando-a para uma nova leitura do significado de si mesma e dos elementos que a cercam, criando a possibilidade de todo o Universo ser corruptível.

Mais que isso, o que temos é um mergulho tão profundo no nível de abstração – e, portanto, um passo a mais na construção da ideia de que "espaço e tempo" são coisas em si, os incorruptíveis em meio a um jogo infinito de transformações – que se torna desnecessário garantir a ideia de perfeição no plano do fenomênico, já que ela é transposta para um certo tipo de metalinguagem que é a matemática. Rompe-se a fronteira original da metafísica aristotélica e atinge-se um novo plano: o do espaço-tempo absolutos.

É justamente nesse sentido que poderemos compreender a dimensão e a gravidade do pensamento de Galileu – não há ruptura com a necessidade da existência do "perfeito". A ideia de perfeição é que muda de sentido e conteúdo.

Vamos acompanhar tudo isso mais de perto.

4.3 Galileu – o jogo escalar da nova espacialidade

Em 1604, quando surgiu uma "supernova" na constelação da Serpente, Galileu Galilei a localizou e, mais que isso, demonstrou que se tratava apenas de mais uma estrela no céu. Esse fato, aparentemente sem grande significado para os dias de hoje, teve na época uma grande repercussão: demonstrou que, a despeito da pressuposição clássica de incorruptibilidade das esferas supralunares, ali também aconteciam mudanças. A presença de mais uma estrela seria uma prova mais que evidente de que Aristóteles não tinha razão.

Galileu (1564-1642) tem sua biografia marcada por fatos desse tipo, os quais, com o desenvolvimento de suas pesquisas, vão se aprofundando mais e mais, bem como se aprofundam e se multiplicam seus seguidores e seus críticos. Nas primeiras páginas de seu texto "O ensaiador" (Galilei, 1973) poderemos identificar a leitura que ele fazia de tais relações:

> Eu nunca pude entender ... de onde originou-se o fato de que tudo aquilo que dos meus estudos achei conveniente publicar, para agradar ou servir aos outros, tenha encontrado em muitas pessoas uma certa animosidade em diminuir, defraudar e desprezar aquele pouco valor que, se não pela obra, ao menos pela minha intenção, eu esperava merecer. Mal acabara de sair meu Nunzio Sidereo ... e imediatamente levantaram-se, em todos os lugares, invejosos daqueles louvores devidos a tão importantes descobertas ... nem perceberam (tanta foi a força da paixão) que se opor à geometria é negar abertamente a verdade. (p.105-6)

"O ensaiador" é, antes de tudo, um libelo. Acuado pelos seus detratores, Galileu procura desenvolver concomitantemente duas frentes de batalha: a primeira, contida no desenvolvimento de todo o texto, tem o caráter de resposta a seus inimigos, e ele não poupa impropérios de todos os tipos para denunciá-los como falsificadores, incompetentes e levianos, e, para tanto, vai demonstrando seu raciocínio num diálogo tenso com um texto assinado por Lotário Sarsi Sigensano;[4] a segunda frente diz respeito ao fato de que Galileu faz sua denúncia na forma de uma carta ao Monsenhor D. Virgíneo Cesarini, isto é, ao mesmo tempo que denuncia, procura legitimar suas posições no interior da instituição que efetivamente detém o poder de polícia: a Igreja Católica, fonte inesgotável de discípulos, mas também de inimigos poderosos.

Um outro aspecto de sua introdução, no entanto, chama ainda mais a atenção: o fato de que a referência de "verdade" deixa de ser as Sagradas Escrituras e passa a ser identificada com a geometria, como comenta Mason (1982) a respeito das afirmações de Galileu no seu *Diálogo sobre os dois maiores sistemas do mundo*:

> Galileu estava muito preocupado com o papel das matemáticas no método científico, e especialmente com o problema do nível em que os objetos físicos correspondem a figuras geométricas ... Qualquer discrepância seria culpa do pesquisador: "O erro não reside nem no abstrato, nem na geometria, nem na física, mas sim naquele que calcula e que não sabe como ajustar suas contas". (p.42-3, T. A.)

Pode-se afirmar que este seria o ponto central do perigoso passo dado por Galileu, pois o que se observa é o que denominarei de "ruptura necessária". Tal como Kepler, não se trata aqui de questionar se Deus é perfeito porque ele se ajusta, enquanto expressão dada por sua criatura, a imagens e figuras preconcebidas (o círculo para Kepler, por exemplo), mas justamente porque a perfeição se expressa na medida em que a natureza se ajusta à linguagem perfeita: a matemática. E, por consequência, quem não domina a linguagem não é capaz de entender (ler) o mundo.

A filosofia está escrita nesse grande livro permanentemente aberto diante de nossos olhos – refiro-me ao Universo – mas que não podemos

---

4 Na fonte (Galilei, 1973) encontramos a seguinte nota de pé de página: "Esta personagem é muito confusa; o nome Lotário Sarsi Sigensano é o anagrama de Horatio Grassi Salonensi, que é o pseudônimo que o padre jesuíta Horácio Grassi assumiu para replicar diretamente ao *Discurso sobre os cometas* de Galileu com a sua *Balança astronômica e filosófica*. Sarsi, ou melhor Grassi, foi professor de matemática em Gênova e Roma; e era muito conhecido na época por sua invenção de um barco que não afundava e por ser o arquiteto da Igreja de Santo Inácio, incorporada ao Colégio Romano, muito lembrado neste texto" (p.109).

compreender sem primeiro conhecer a língua e dominar os símbolos em que está escrito. A linguagem desse livro é a matemática e seus símbolos são triângulos, círculos e outras figuras geométricas, sem cuja ajuda é impossível compreender uma única palavra de seu texto; sem cuja ajuda, vagueia-se em vão por um labirinto escuro. (Galilei, apud Burtt, 1991, p.61)

Tais perspectivas, no entanto, dificilmente teriam levado Galileu aos confrontos que teve de enfrentar pois, de uma maneira ou de outra, a ideia de concentrar-se na matemática como linguagem (e para a compreensão) do mundo é, pelo menos, 150 anos anterior a ele. Na verdade, diferentemente de seus antecessores, Galileu parte para a busca incansável da leitura efetiva dos fenômenos, isto é, num jogo de múltiplas escalas ele procura desvendar (ou, melhor, sistematizar) matematicamente os fenômenos visíveis, seja no plano do céu estrelado, seja em relação à velocidade da queda de objetos com diferentes massas.

Assim, também foi necessária uma verdadeira revolução na postura de seus opositores, já que, diferentemente de Copérnico, contra o qual os argumentos ptolomaicos, com ajustes aqui e ali, guardavam ainda uma certa eficiência, Galileu constrói equações em torno do demonstrado (ou demonstrável) e para contestá-lo seriam necessárias, então, outras demonstrações e não mais chamar à baila a autoridade dos antigos.

Mason resume sua biografia nos seguintes termos:

Tanto em magnetismo quanto em mecânica, foi o estudioso interessado na tradição culta o responsável pela origem de novas teorias. A velha mecânica foi rechaçada e a nova fundada por um homem desse tipo: Galileu Galilei, 1564-1642, das universidade de Pádua e Pisa. Galileu nasceu em Pisa, onde estudou e ensinou na universidade por um curto período de tempo. Em 1592 mudou-se para a mais liberal e ilustrada universidade de Pádua, onde permaneceu dezoito anos, desenvolvendo suas mais importantes investigações sobre mecânica. Em 1610 mudou-se para Florença como "Filósofo e Primeiro Matemático do Grande Duque de Toscana", onde levou a cabo suas investigações em astronomia com o telescópio. Finalmente estudou mecânica de novo quando sua obra astronômica foi condenada. (Op. cit., p.41, T. A.)

Dentre os exemplos importantes que poderemos dar sobre a produção de Galileu, os mais cultuados referem-se à astronomia, em associação ao desenvolvimento e uso profícuo do telescópio com o qual, num primeiro momento, observou a superfície lunar. Aqui descobriremos uma outra chave dessa polêmica e permitiremos que o próprio Galileu nos conte suas experiências:

> Chegou-me a notícia de que um certo flamengo construiu um óculo por meio do qual objetos visíveis, embora muito distantes do observador, são vistos distintamente como se estivessem próximos ... Dias depois, a notícia foi-me confirmada pela carta de um nobre francês ... que me obrigou a aplicar-me de todo o coração à investigação dos meios através dos quais eu podia chegar à invenção de um instrumento similar. (Galilei, apud Cohen, 1988, p.79-80)

Quanto à Lua, os comentários são os seguintes:

> De novo, não só a linha de sombra da Lua parece irregular e ondulada, mas, o que é ainda mais surpreendente, podem aparecer muitos pontos brilhantes na parte escurecida da Lua, completamente delimitada e separada da parte iluminada e a considerável distância desta. Depois de algum tempo, aumentam gradualmente de tamanho e brilho e, uma ou duas horas depois, juntam-se à parte iluminada, que agora tinha aumentado de tamanho. Entretanto, picos cada vez mais numerosos crescem, como se nascessem ora aqui ora ali, brilhando na zona de sombra: tornam-se maiores e, finalmente, unem-se à superfície luminosa que se vai estendendo até mais longe. E na Terra, antes do nascer do Sol, não são os picos mais altos das montanhas iluminados pelos raios do Sol, enquanto as planícies permanecem na sombra? Não se vai a luz espalhando enquanto as partes centrais e maiores destas montanhas se vão iluminando? E, quando o Sol finalmente nasce, não é verdade que a iluminação das planícies e colinas se torna uniforme? Mas na Lua a variedade de elevações e depressões parece ultrapassar a rugosidade da superfície da Terra, como demonstraremos mais adiante. (p.82-3)

Eis aí o exemplo paradigmático. Observemos que num primeiro momento Galileu aponta para um conjunto de experiências que qualquer indivíduo, desde que usasse a teoria da refração então conhecida, poderia perfeitamente reproduzir: ver objetos distantes como se estivessem próximos. Tal argumento não dependia de acreditarmos ou não neste ou naquele pressuposto: bastava experimentar e ver. O resultado é espetacular, uma vez que observando objetos relativamente próximos verificamos que o jogo de lentes, apesar de aproximá-los e ampliá-los, não os deforma. Para provar, basta apontar o instrumento de Galileu para um lugar qualquer, memorizar a imagem e depois ir verificar *in locu*: não há contestação possível.

Num segundo momento, o que temos é a Lua vista de perto e sendo desvendada com argumentos que, até aquele momento, só eram usados para explicar fenômenos tipicamente terrestres. Três anos depois da "supernova de 1604", as experiências realizadas procuravam transformar em "terra arrasada" a física aristotélica tentando provar que, além de haver mudanças na esfera supralunar, os objetos vistos no céu possuíam características muito semelhantes às da Terra.

Mais tarde Galileu apontou seu equipamento para Vênus, Mercúrio, Marte e Saturno e, mais uma vez, construiu seu discurso com base nas experiências tipicamente terrestres. Ao realçar que essas "estrelas errantes" (planetas) não possuíam luz própria e que algumas delas possuíam até mesmo suas luas, além do fato de que a "nossa" Lua recebia uma parte da luz solar refletida pela Terra, apontava definitivamente para uma laicização do Universo e, portanto, para um redimensionamento generalizado da própria ideia de Deus.

Verifiquemos essa questão um pouco mais de perto. Antes de tudo, é fundamental entendermos que nem Galileu nem Giordano Bruno (e muito menos Copérnico e Kepler) chegaram a colocar em dúvida a existência de Deus. O problema é que tanto os cálculos de Kepler quanto as observações astronômicas de Galileu questionavam ideias que hoje chamaríamos de pueris, mas que na época eram hegemônicas. A ideia de que a perfeição de Deus pressupunha os movimentos planetários como necessariamente circulares e que a Terra seria um lugar único, sem qualquer semelhança com o restante do Universo, garantia o reconhecimento do poder divino e da proeminência dos homens no projeto geral da criação. À medida que a ideia de círculo "recua" para a noção de proporcionalidade e que algumas estrelas se mostram absolutamente semelhantes à Terra, tal proeminência cai por terra e o projeto de "criação" deve agora ser repensado (ou, melhor, recompreendido, sem jamais ser questionado).

Se, de um lado, é evidente que Galileu foi mais acurado ao descrever suas experiências que ao desenvolver suas exegeses dos textos bíblicos e, ainda, que suas interpretações "teológicas" mostravam uma evidente necessidade de legitimação política, não há evidências de que tenha, em algum momento, duvidado da existência de Deus. O que está em jogo, de fato, é o papel dos "Textos Sagrados", isto é, em que medida eles possuem uma autoridade fundamentalmente moral e em que medida tal autoridade atinge o plano da fundamentação discursiva dos fenômenos. Essa é a dúvida proposta por Paolo Rossi (1992, p.86 e ss.) e é em torno dela que poderemos compreender melhor o dilema.

No capítulo anterior chegamos a citar um pequeno trecho do livro de Josué, do qual pode-se pressupor que a Terra estaria fixa no centro do Universo e que seria o Sol a fazer o movimento de translação. Tal texto, sem dúvida, foi um dos mais utilizados pelo tribunal da Santa Inquisição nos processos que colocavam em questão os problemas apresentados tanto por Copérnico quanto por seus seguidores. Acontece, no entanto, que se Josué foi uma inspiração importante, não foi a única. Há, na verdade, um grande conjunto de referências, especialmente no chamado Velho Testamento, que, de uma maneira ou de outra, corroborava a tese do geocentrismo.

Paolo Rossi (1992) procura resumir as posições de Galileu nos seguintes termos (o texto, na verdade, está fazendo referência a uma carta escrita em 1613 a Benedetto Catelli, em que se examinam as polêmicas em torno da passagem de Josué que indicamos acima):

1 Diante do texto sagrado não podemos nos deixar deter no <puro significado das palavras> ... é necessário que sábios intérpretes esclareçam seu verdadeiro sentido.

2 Nas discussões científicas, a Escritura deve ser considerada <em último lugar>. Deus exprime-se mediante a Escritura e mediante a Natureza...

3 A natureza tem dentro de si uma coerência e um rigor que estão ausentes na Escritura:...

4 ...

5 As escrituras tendem a persuadir os homens daquelas verdades que são necessárias à salvação e que só por esta via podiam ser comunicadas aos homens...

6 O exame da passagem de Josué ... tende a demonstrar que as palavras do texto sagrado ... conciliam-se perfeitamente com o sistema copernicano, mas não com o aristotélico-ptolomaico. O dia e a noite, segundo este sistema, são efeitos do Primeiro móvel, enquanto do Sol dependem as estações do ano. No sistema ptolomaico, parando o movimento do Sol, não se alonga realmente o dia: é preciso então alterar o sentido das pala-

vras e afirmar que, quando o texto diz que Deus parou o Sol, queria dizer parou o Primeiro móvel ... Se as palavras do texto não devem ser alteradas, é necessário recorrer a outra <constituição das partes do mundo>. Galileu descobriu e <necessariamente demonstrou> que o Sol gira sobre si mesmo em um mês lunar aproximadamente. Ademais, é <muito provável e razoável> que o Sol ... seja fonte não só da luz, mas também do movimento dos planetas que giram ao seu redor. Para prolongar o dia sobre a Terra ... era então suficiente ... que fosse "parado o Sol". (Rossi, 1992, p.94-6)

Trata-se, para os nossos padrões, de não mais que um aglomerado de sofismas. Salvam-se, aqui, as possibilidades da autoridade do texto bíblico, bem como a grandiosidade necessária a qualquer deus. O resumo de Rossi, no entanto, aponta-nos algo mais que, de certa maneira, já estava presente nas proposições de Kepler e que vimos insistindo até aqui: do ponto de vista da forma, o texto de Josué é explícito ao afirmar que Deus parou o Sol. Não estamos, no entanto, numa discussão entre judeus do século X, mas na sociedade de tradição judaico-cristã (o que quer dizer "greco-judaica") do século XVII.

A tentativa de contestar Aristóteles com um texto bíblico é, para os nossos dias, no mínimo, extravagante. Não pensaríamos mais que uma vez para afirmar o fato de que Aristóteles, ao escrever sua *Física*, não dominava o pensamento judaico, e o mesmo parece-nos verdadeiro em relação ao autor do texto "Josué" (que não conhecia Aristóteles). O problema, portanto, está na possibilidade de se autorrevolucionar, e o processo vai ser realizado na medida em que, na impossibilidade de destruir, rompe-se gradativamente com os paradigmas do feudalismo enquanto, efetivamente, constrói-se um mundo novo nos interstícios das dificuldades do velho. Pouco importa, portanto, se os autores em discussão se conheciam ou não, o que importa é que a sociedade os entende como uma unidade já que, independentemente deles, ela os unificou no processo de construção de sua identidade e agora precisa contrapô-los para recriar-se enquanto algo novo e revolucionário: o mundo burguês.

O material disponível a respeito dessa discussão é amplo e ambíguo o suficiente: observemos o trecho do Salmo 18, reproduzido a seguir, e verifiquemos as possibilidades dedutivas que ele nos apresenta. Vale o esforço na medida em que esse mesmo salmo foi alvo de grandes discussões e justificativas por parte de Galileu:

1 Para o fim: salmo de Davi.

2 Os céus publicam a glória de Deus./ E o firmamento anuncia as obras das suas mãos.

3 Um dia transmite esta mensagem ao outro dia,/ e uma noite comunica-a a outra noite.

4 Não há linguagem nem idioma,/ em que não sejam entendidas as suas vozes.

5 O seu som estende-se por toda a terra./ E suas palavras até às extremidades do mundo.

6 Estabeleceu o seu tabernáculo no sol;/ e ele mesmo é como um esposo que sai do tálamo./ Dá saltos como gigante para percorrer o seu caminho.

7 Sua saída é desde uma extremidade do céu,/ seu curso (vai) até à outra extremidade,/ e nada se esconde do seu calor. (Bíblia Sagrada, 1989, Salmo 18:1-7)

Quem se atreveria a contestar algo tão "claro" e "evidente"? Não estariam Kepler e Galileu simplesmente confirmando o já dito por Deus?

A revolução galileana, como já chegamos a observar, transita num sem-número de escalas (sem, no entanto, perder de vista seus objetivos). Se as discussões de cunho "astronômico" levaram Galileu a uma discussão de cunho teológico, na outra ponta da escala de observação tais polêmicas foram suficientemente amplas para contestar os peripatéticos em todos os seus fundamentos. Para tanto, como já verificamos, Galileu se debruça firmemente em torno dos fenômenos "tipicamente terrestres" e procura equacionar esse "microcosmo" com as mesmas ferramentas com que equaciona o "macrocosmo".

Françoise Balibar (1988) inicia sua discussão sobre o pensamento galileano nos seguintes termos:

> Em 1632 publica-se em Florença o *Diálogo sobre os dois maiores sistemas do mundo*, escrito por Galileu – livro que passa por marcar o nascimento da Física moderna ... Foi dele, entre outros, que Newton partiu para a elaboração dos seus *Princípios matemáticos da Filosofia Natural*, onde se encontram enunciadas as <leis> que deste ganharam o nome, e nas quais viria a basear-se a teoria física. É ainda a Galileu que ... Einstein se refere para enunciar o <princípio de relatividade> que o levaria a alterar radicalmente as ideias-feitas sobre o espaço e o tempo. (p.13)

Estamos falando, portanto, de um clássico. Construir um texto que dá nascimento à física moderna não é, evidentemente, pouco. Mas estamos, fundamentalmente, tratando dos fundamentos do que pensamos hoje – claro que duplamente revisitado por Newton e Einstein – do que sejam espaço e tempo.

Para que tudo isso não pareça uma simplificação, não custa lembrar que esses fundamentos possuem um pano de fundo – a linguagem matemática enquanto ferramenta de leitura do mundo –, que, por sua vez, é a tessitura de um outro – a ideia de ser a física moderna o exemplo paradigmático do ato científico. Assim, se as ideias de tempo e espaço que possuímos são inauguradas por Galileu, ele também inaugura a ideia que temos de ciência e de verdade.

Uma dificuldade, no entanto, impõe-se a quem quiser tecer comentários em torno do *Diálogo sobre os dois maiores sistemas do mundo*. Essa obra foi escrita na forma de diálogo (tal como as obras platônicas) entre três personagens distintos: Simplício (o aristotélico), Saviati (aquele que defende as ideias de Copérnico e Galileu) e Sagredo, "espírito aberto e livre de preconceitos, que representa o homem de bem" (Balibar, 1988, p.14). Enquanto Saviati vai, paulatinamente, expondo suas posições, as dúvidas oriundas do pensamento aristotélico vão sendo expostas por Simplício, o que impõe a construção de um discurso demonstrativo, cheio de idas e vindas, o qual, para comentarmos, nos obrigaria a acompanhar longamente a própria estrutura discursiva com a qual estaríamos trabalhando.

Procuraremos superar tal dificuldade usando de um recurso que, nem sempre, é legítimo: vamos acompanhar os passos de Balibar (op. cit.), na medida em que suas posições e comentários nos ajudarão, de forma bem mais direta, a atingir os elementos fundantes do pensamento galileano – tanto no que concerne à ideia de ciência e de física, que modernamente construímos, quanto às profundas consequências de todo esse debate na nossa concepção de geografia.

Vamos ao texto, portanto.

> SALVIATI: ... se o movimento é movimento e atua como movimento, é por estar relacionado com coisas que dele estão privadas; mas, no que concerne às coisas que dele igualmente participam, de maneira alguma atua, e é como se não existisse. (Galilei, apud Balibar, op. cit., p.14)

Simples? Pois é, nada mais simples que, hoje em dia, imaginar que as coisas se movimentam de uma determinada maneira em relação àquelas que não possuem o mesmo tipo de movimento e, portanto, na medida em que um conjunto de objetos se movimenta de uma mesma maneira, eles não se movimentam entre si. Balibar tece o seguinte comentário em torno da questão:

> A física aristotélica estabelece uma diferença intrínseca de natureza entre repouso e movimento, ligada à existência de uma ordem cósmica em virtude da qual cada objeto possui um lugar no Universo, um <lugar> que lhe é próprio – porque conforme à sua natureza –, para o qual tende a voltar se dele afastado, e onde permanece imóvel se nada o vem desalojar ... Repouso e movimento são, pois, concebidos como noções contrárias, excluindo-se mutuamente: um mesmo corpo está quer em repouso quer em movimento; mas, se está em repouso, está-o em absoluto.[5]
>
> ...
>
> ... (Já para Galileu) não há movimento, a não ser quando não partilhado ... E a definição "galilaica" do repouso faz dele uma categoria equivalente ao movimento, abolindo desse modo a distinção ontológica em que se baseia a teoria aristotélica. (Ibidem, p.19-20)

Se acompanharmos com atenção o texto de Balibar, teremos a constatação dos fundamentos da revolução discursiva. Galileu muda radicalmente a posição do sujeito e abre o caminho – como veremos, em parte, mais adiante – tanto para o empirismo mais simplório como para o idealismo transcendental (Kant, Ficht e Schelling, Hegel), tanto para o mecanicismo newtoniano como para o relativismo einsteniano, tanto para o descritivismo cartográfico como para o romantismo ratzeliano. É muito? Vamos identificar os pontos fundamentais expostos por Balibar e (quem sabe?) nos localizar um pouco melhor no interior de todo esse processo.

---

5 Absoluto – Uma grandeza física (tal como a velocidade, a distância entre dois pontos, a aceleração, o tempo...) diz-se absoluta se o seu valor não depende do ponto de vista em que nos colocamos; isto é, se ela mantém o mesmo valor em dois referenciais diferentes. Absoluto e invariante são sinônimos (Balibar, 1988, p.123).
Relativo – Toda a grandeza física cujo valor depende do referencial ... em relação ao qual a determinamos é dita relativa. A velocidade dum móvel é, na teoria de Galileu, por exemplo, relativa (Ibidem, p.124).

O que significa a diferença entre o movimento ser ou não ser um dado do objeto? Ora, e Balibar foi explícita nesse sentido, o que Galileu perverteu foi a própria ontologia aristotélica. Para Aristóteles a característica do Ser é o repouso e, portanto, ele só se movimenta na medida em que está fora de seu "ambiente natural". O movimento, portanto, é algo que indica que o Ser está em desequilíbrio. Do ponto de vista galileano o que temos é o inverso: o movimento é um dado que caracteriza o Ser – não em relação a si mesmo, já que nesse sentido ele estará sempre em repouso – na sua relação com o seu diferente.

Temos aqui, portanto, uma mudança na postura do sujeito – daquele que observa o ser-enquanto-objeto – que deverá, a partir de Galileu, postar-se sob diferentes prismas, pois agora a ideia é identificar a relação entre os objetos para definir-lhes a identidade e não para o ser-enquanto-ser. Não há mais uma identidade em si, mas sim uma relação entre o "em si" e o "para o outro".

Vejamos: se do ponto de vista aristotélico, um objeto está caindo porque o lugar em que ele se encontra não é seu lugar natural, para Galileu o objeto, quando cai, não cai para si mesmo, mas sim em relação aos demais objetos que não compartilham do mesmo movimento. Abstraindo os elementos de referência e observando-se somente o objeto que cai, na medida em que ele cai enquanto um todo, não é possível saber se ele realmente cai ou, melhor ainda, para o objeto em questão, independentemente da situação, não há repouso nem movimento, já que não há identidade fenomênica que não seja relacional.

Assim, "A" somente é igual a "A" se tal identidade o diferenciar definitivamente de "B", "C", "D" etc. Isso, evidentemente, traz-nos um problema de fundo. A multiplicidade infinita dos objetos apresenta-nos a possibilidade de defender como inviável a construção de qualquer identidade, já que não seria possível uma generalização (o empirismo, o relativismo) e, também, pode obrigar-nos a atingir a construção de um "absoluto" por fora do próprio objeto, permitindo, assim, a construção do pensamento genérico (o idealismo transcendental).[6]

Se, por um lado, estamos considerando a concepção galileana um salto epistemológico de grandes proporções, um outro aspecto se agre-

---

6 O que veremos, de forma mais específica, no último capítulo do presente trabalho.

ga à discussão de forma igualmente importante: se o movimento de um objeto é nulo em relação aos que com ele compartilham da mesma trajetória e na mesma velocidade – e o reconhecimento do fenômeno se faz pela simples observação entre os estados de repouso e movimento (e, portanto, são todos relativos entre si) –, como se poderia explicar a existência de movimentos nulos entre objetos que visualmente não estão ligados entre si? Voltemos a Galileu e veremos que suas explicações fecham um dos principais ciclos do processo de construção do que hoje entendemos por conhecimento científico:

> SALVIATI: E todos eles [os aristotélicos] adiantam com razão mais forte [em apoio da sua tese] o caso dos corpos pesados que, caindo de cima para baixo, o fazem segundo uma linha recta e perpendicular à superfície da Terra – o que apresentam como argumento irrefutável a favor da imobilidade da Terra ... O que elas confirmam através de ... experiência: deixam cair uma bola de chumbo do alto do mastro de um navio imóvel e marcam o local onde ela caiu, que é mesmo ao lado da base do mastro; mas, se se renovar a experiência ... quando o navio se desloca, o ponto de queda da bola distará do precedente no valor de um espaço equivalente à distância percorrida pelo navio durante o tempo que dura a queda da bola de chumbo.
>
> ...
>
> SALV.: Agora, diz-me; se a pedra, deixada cair do alto do mastro quando o navio avança a grande velocidade, caia exactamente no mesmo sítio do navio que quando está imóvel, de que utilidade vos seriam estas duas quedas para decidir se o navio está imóvel ou avança?" (Galilei, apud Balibar, 1988, p.44-5)

Salviati (Galileu) preparou a armadilha para Simplício e com ela deu início à discussão do que, mais tarde, Newton viria a chamar de inércia, isto é, o princípio em torno do qual a ideia de movimento proposta por Galileu toma pleno sentido, pois justifica o sentido matemático do movimento "como que nulo", como ele mesmo dizia.

Galileu vai se apoiar justamente no fato de, mesmo sem ainda ter feito a experiência, acreditar que a "pedra" cairá na base do mastro independentemente de o navio estar em movimento ou em repouso. Isso permite-lhe inferir que a "pedra" participa do movimento do navio e que, portanto, em relação a este, seu movimento é como que nulo.[7]

---

7 A polêmica em torno do fenômeno da inércia vai ainda gerar um conjunto de experiências séculos depois de Galileu. Cohen (1988, p.148) descreve uma interessante experiência rea-

Não há por parte de Galileu a pretensão de estabelecer a generalização de que tal fenômeno se repete em relação ao movimento do planeta – isto é, defender, conclusivamente, que como nos movimentamos com a Terra tal movimento é como que nulo. Efetivamente o que importa é que os argumentos aristotélicos para comprovar que a Terra não se movimenta não são convincentes e isso obriga o interlocutor (Simplício) a reduzir sua resistência aos argumentos que viriam a seguir.

Não nos interessa, aqui, continuar a explicitação dos argumentos galileanos – já que não é a pertinência (ou não) discursiva de Galileu que está em jogo. O que deve nos chamar a atenção é, justamente, o fato de que há uma grande diferença entre o que vemos e o que realmente acontece. O que vemos? A Terra parada e os astros se movimentando em torno dela. Qual é a realidade? A Terra se movimenta e nós nos movimentamos com ela e, por isso mesmo, o que vemos é pura ilusão. Como superar a ilusão? Bem... esta é a longa resposta que, de Nicolau de Cusa a Galileu, vem assumindo as mais diversas conotações, mas de qualquer maneira o que se busca é chamar a atenção para o fato de que a "razão" supera o puro "empirismo ingênuo".

O que tudo isso quer dizer?

Claro que já posso afirmar aqui, antes mesmo de entrarmos no perigoso terreno das proposições cartesianas, que os movimentos iniciais e preparatórios para o Iluminismo – em que a apologia da razão realiza-se em sua plenitude – devem ser histórica e geograficamente identificados. Não há, no meu entender, por que considerar que as reflexões que antecedem o Renascimento sejam, simplesmente, irracionais. O importante, como procurei demonstrar até aqui, é a construção de uma nova razão – o que levará seus defensores a identificarem como "irracional" tudo o que considerarem que deve ser superado.

---

lizada com a ajuda de um trem de brinquedo e uma câmera fotográfica estroboscópica. Com o auxílio de uma mola colocada na "chaminé" do trenzinho, lançou-se um projétil com o trem em repouso e depois com ele em movimento. O movimento do projétil foi fotografado nas duas situações e observou-se que sua tendência na queda era sempre cair no interior da própria "chaminé", isto é, quando o trem estava em repouso o movimento do projétil era perpendicular ao seu ponto de partida; quando estava em movimento, o projétil conservava um movimento "como que nulo" em relação à sua perpendicularidade ao ponto de partida.

Estamos, portanto, relacionando-nos com um certo tipo de razão, na qual o sujeito quer redefinir o significado do objeto pela mudança efetiva de sua relação com ele. Mais que compreendê-lo em nome do desenvolvimento puro e simples do conhecimento humano, tal compreensão possui o significado de fazer parte do processo de apropriação/acumulação – que vai tipificar a dinâmica geral da sociedade burguesa – e é nesse sentido que a linguagem matemática assume efetivamente seu papel revolucionário.

Não há por que afirmar que o sentido geral da "razão" que pudemos identificar na redefinição de ambiente para as reflexões geográficas da conquista das "Índias" e a ideia de "movimento como que nulo" de Galileu tenham exatamente o mesmo sentido. O que tais mudanças radicais no significado de ambiente (e, portanto, da espácio-temporalidade) possuem é o diálogo direto com a tradição na necessidade premente de superá-la.

Geógrafos (e/ou cartógrafos e, muito menos, Kepler e Galileu) não vivem, efetivamente, dilemas diferentes de toda a sociedade culta europeia e, não custa repetir, a releitura que a própria dinâmica de expansão territorial (por isso produtiva, por isso cultural) impõe não poderá ser capturada como se tivesse um único sentido e direção ou uma simples relação mecânica com os novos acontecimentos (e, portanto, perplexidades e maravilhamentos). O que teremos de comum é a evidenciação da dúvida e a busca desesperada de caminhos mais seguros nos quais refletir sobre o (e, portanto, entender-se no interior do) mundo.

Os historiadores da ciência parecem ter, sempre, o interesse de evidenciar o que denominarei aqui de "sonho de Descartes", o qual, como veremos mais adiante, parece expressar uma necessidade que vai muito além de qualquer pretensão pessoal do pensador francês e, por isso mesmo, repercutirá sobre limites tão amplos que, tal como a "Física galileana", extrapolarão uma época marcando definitivamente o significado de ciência e, portanto, o próprio significado de razão, isto é, nossa noção mais intrínseca do que é verdadeiro ou não na nossa estrutura discursiva. Descartes é, por assim dizer, o último grandioso passo da construção de nossa metafísica e é sobre suas superações e dilemas que se fundaram os últimos retoques do que entendemos hoje em dia por espaço (e tempo).

4.4 Descartes e a luta entre o como e o porquê

Percorremos até aqui um intrincado caminho no qual exclusão e inclusão – de pessoas, ideias, comportamentos, territórios – confundem-se sob todos os aspectos. Para cada caravela colocada ao mar, para cada aborígine escravizado ou morto, para cada árvore derrubada em nome da europeização do planeta, novos outros rumos do pensar, do significado do conhecer, foram igualmente sendo construídos. Se Copérnico é contemporâneo das primeiras "expedições exploradoras", Kepler, Galileu e Descartes são contemporâneos da Companhia das Índias Orientais.

Como vimos anteriormente, enquanto um dos elementos fundamentais do processo de colonização pode ser identificado como um processo de "assimilação" por "hegemonização", já que o problema geral dado a cada novo território conquistado estava na possibilidade de colocá-lo no âmbito dos valores que aqui, genericamente, definimos como europeus, o desenvolvimento do conhecimento científico (e, evidentemente, estamos falando também da cartografia) foi aqui identificado como um processo que caracteristicamente desloca o sujeito, recolocando-o e redimensionando-o enquanto sujeito do conhecimento.

Discutir Descartes nesse contexto pode, perfeitamente, justificar-se com as seguintes reflexões:

> Ainda em sua adolescência, Descartes dedicou-se plenamente aos estudos matemáticos ... Na noite de 10 de novembro de 1619, Descartes teve uma experiência notável ... o Anjo da Verdade surgiu-lhe e pareceu justificar ... a convicção ... de que a Matemática era a única chave necessária para desvendar os segredos da natureza ...
>
> Os primeiros estudos intensos nos quais ele mergulhou após essa experiência singular referiram-se ao campo da geometria, no qual ... foi recompensado com a importante invenção ... (d) a geometria analítica ... A existência e o uso bem-sucedido da geometria analítica como instrumento de exploração matemática pressupõe uma correspondência biunívoca exata entre o reino dos números ... a álgebra, e o reino da geometria, isto é, o espaço ... Ele percebeu que a natureza própria do espaço, ou extensão, era tal que suas relações ... deveriam sempre permitir a expressão por meio de fórmulas algébricas e que, no caso oposto, as verdades numéricas (em determinadas condições) poderiam ser plenamente representadas do ponto de vista espacial. Como resultado natural dessa invenção notável, Descartes

ampliou sua esperança de que todo o reino da Física pudesse ser redutível unicamente a qualidades geométricas. (Burtt, 1991, p.85-6)

Vamos acompanhar, passo a passo, o percurso feito por Burtt e o ponto inicial será o "sonho de Descartes".

Não está em jogo, evidentemente, se Descartes realmente teve ou não a singular experiência de 10 de novembro de 1619. O que importa é o tom profético que a reiterada alusão à experiência passa a dar a seu trabalho. Parece-me de suma importância realçar o fato de que sejam *Meditações* e o *Discurso do método* – textos aos quais me referirei diretamente no desenvolvimento (além das *Regras para a direção do Espírito*) desta fase do presente trabalho – mais que uma polêmica contra os preconceitos da tradição feudal: trata-se, efetivamente, de uma reflexão envolta na aura não só da síntese possível de uma época, mas das proposições necessárias à própria realização material da verdade divina.

Descartes se propõe messiânico: assume a tarefa dada por Deus – na figura de seu anjo – de salvar a humanidade da confusão discursiva (torre de Babel?) que os novos rumos do conhecimento – em seu confronto inevitável com a disponibilidade cultural advinda diretamente da tradição feudal – estavam tomando. Descartes cria? Sem dúvida! Mas, muito mais que isso, ele legitima um movimento geral, e nesse sentido tal como Galileu, pela comprovação "experimental" das possibilidades desse tipo de razão e, superando Galileu – que somente dialoga com as escrituras –, assume para si o papel de expressar – de forma "clara" e "inquestionável" – o conhecimento.

Num segundo passo, Burtt refere-se à geometria analítica. É, ao que parece, o elemento decisivo de seu salto qualitativo. Volto a afirmar que não está em questão o fato de que o cálculo algébrico já era (desde o século IX) uma possibilidade matemática de conhecimento dos árabes. A genialidade do pensamento cartesiano foi identificar a possibilidade do cálculo tendo como ponto de partida relações quantitativas altamente abstratas – sem ter a figura geométrica como ponto de partida – e, mais que isso, que tais relações quantitativas poderiam ser representadas – a partir do cálculo – na forma de uma relação espacial (geométrica). Os eixos de "x" e "y" já eram de pleno conhecimento da geometria – o mapa de Mercator se funda numa aplicação desses eixos, primeiro sobre uma esfera e, depois, como referência da identidade angular no plano –, mas é em Descartes que eles tomarão um novo significado ou, no dizer de Burtt (1991):

> Ele percebeu que a natureza própria do espaço, ou extensão, era tal que suas relações ... deveriam sempre permitir a expressão por meio de fórmulas algébricas e que, no caso oposto, as verdades numéricas (em determinadas condições) poderiam ser plenamente representadas do ponto de vista espacial. Como resultado natural dessa invenção notável, Descartes ampliou sua esperança de que todo o reino da Física pudesse ser redutível unicamente a qualidades geométricas.

A "invenção notável" de Descartes obriga-o a sistematizar o discurso muito além das possibilidades puramente aplicativas da geometria analítica, já que a intenção de unidade do discurso impõe a tarefa de transcender o caráter operacional para atingir a construção de uma epistemologia. Não bastava, evidentemente, demonstrar o caráter biunívoco entre álgebra e geometria, era necessário – e para isso o discurso algébrico não era evidente em si mesmo – evidenciar o estatuto de verdade contido no próprio método. Este é, enfim, o objetivo do *Discurso do método* e das *Meditações*.

Vamos seguir um pouco mais de perto o que nos diz Descartes quanto ao significado de suas *Meditações*. Tais explicações, que servem de introdução a essa obra, foram diretamente dirigidas "Aos Senhores Deão e Doutores da Sagrada Faculdade de Teologia de Paris":

> A razão que me leva a apresentar-vos esta obra é tão justa ... que penso nada melhor fazer, para torná-la de algum modo recomendável a vossos olhos, do que dizer-vos, em poucas palavras, o que me propus nela.
>
> Sempre estimei que estas duas questões, de Deus e da alma, eram as principais entre as que devem ser demonstradas mais pelas razões da Filosofia que da Teologia: que pois há um Deus e que a alma humana não morre com o corpo, certamente não parece possível poder jamais persuadir os infiéis de religião alguma, nem quase mesmo de qualquer virtude moral, se primeiramente não se lhes provarem essas duas coisas pela razão natural. (Descartes, 1973b, p.83)

Pois bem... creio que tal justificativa nos deixa mais à vontade diante da estrutura discursiva cartesiana que as avaliações feitas por Burtt e que comentei logo acima. O fato é que Burtt avalia os resultados das proposições cartesianas – isto é, a leitura que hoje fazemos da obra do filósofo –, enquanto o próprio Descartes está procurando um caminho para justificá-las aos olhos de seu público mais direto: a parcela culta da sociedade francesa do século XVII.[8]

O texto a que estou me referindo divide-se em seis partes distintas, que foram resumidas pelo autor da seguinte maneira:

> Na primeira, adianto as razões pelas quais podemos duvidar geralmente de todas as coisas ... pelo menos enquanto não tivermos outros fundamentos nas ciências além dos que tivemos até o presente...
>
> Na segunda, o espírito que ... reconhece que é impossível ... que ele próprio não exista...
>
> Na terceira Meditação ... expliquei ... o principal argumento de que me sirvo para provar a existência de Deus...
>
> Na quarta, prova-se que as coisas que concebemos, mui clara e mui distintamente são todas verdadeiras; e ... é explicado em que consiste a razão do erro ou falsidade...
>
> ...
>
> Enfim, na sexta, distingo a ação do entendimento da ação da imaginação ... Mostro que a alma do homem é realmente distinta do corpo e que, todavia, ela lhe é tão estreitamente conjugada e unida que compõe como que uma mesma coisa com ele. (p.87-9)

Para os fins a que se destina este trabalho – o que, evidentemente, impõe limites para o diálogo com os autores citados –, não há necessidade de acompanharmos passo a passo todos os argumentos que, após o resumo esquematicamente transcrito acima, Descartes vai desenvolver efetivamente. Na verdade escolhi três argumentos que considerei como centrais: o da "dúvida hiperbólica", a identidade do sujeito e a questão da certeza.

Vamos a eles, portanto.

Num primeiro *approach* de todo o seu discurso, Descartes nos propõe, como primeiro ato do conhecimento, a sistematização radical da dúvida. Vejamos os elementos-chave de sua proposição:

---

8 Nas palavras de Descartes: "Eis por que, Senhores, qualquer que seja a força que possam ter minhas razões, posto que pertencem à Filosofia, não espero que exerçam grande efeito sobre os espíritos se não as tomardes sob vossa proteção" (1973b, p.85).

A reinvenção do espaço

> Há já algum tempo eu me apercebi de que ... recebera muitas falsas opiniões como verdadeiras ... de modo que me era necessário tentar seriamente ... desfazer-me de todas as opiniões a que até então dera crédito ... se quisesse estabelecer algo firme e de constante nas ciências...
>
> ...
>
> Tudo o que recebi ... como o mais verdadeiro e seguro, aprendi-o dos sentidos ou pelos sentidos; ora, experimentei algumas vezes que esses sentidos eram enganosos, e é de prudência nunca se fiar inteiramente em quem já nos enganou uma vez[9] ... Todavia, de qualquer maneira que suponham ter eu chegado ao estado e ao ser que possuo ... será provável que eu seja de tal modo imperfeito que me engane sempre.[10] (p.93-6)

O que deseja Descartes com toda essa discussão? Numa primeira leitura, podemos concluir facilmente que o autor procura sistematizar um determinado "momento" de sua vida, no qual ele se encontra de fato tomado pela dúvida.

Não é esta, no entanto, sua intenção – e isso ficará definitivamente claro no transcorrer das demais meditações. Descartes pretende construir uma epistemologia e, para tanto, quer negar para poder afirmar. A discussão toma, portanto, uma dupla conotação, na medida em que ele quer transformar a si mesmo no melhor exemplo de como deve-se fazer para atingir-se a certeza e, portanto, o ato da dúvida cartesiana tem mais um caráter paradigmático que propriamente psíquico. A duplicidade realiza-se na medida em que, se entendermos que para chegarmos a alguma certeza temos de colocar abaixo todas as certezas anteriores, a postura – que tem o autor como simples exemplo – coloca muito mais que a experiência pessoal em questão, mas também todo o conhecimento que até ali a humanidade havia construído. Em resumo: Descartes, para abrir caminho para um novo método científico, procura, enquanto ato primário, derrotar o conhecimento dado. Seu objetivo é, efetivamente, seletivo, mas ele não se propõe, em princípio, desvendar o que deve e o que não deve ser preservado, enquanto não conseguir levar o "sujeito" ao extremo da dúvida e, portanto, à construção da extrema certeza.

---

9 "Argumento do erro do sentido, primeiro grau da dúvida" (nota do editor, possui o número 15 no original).

10 "A dúvida é aqui universalizada" (nota do editor, possui o número 20 no original).

No caminho que viemos percorrendo até aqui, o posicionamento do sujeito tem sido evidenciado muito mais pelos resultados das construções discursivas que como um pressuposto, isto é, desde o início deste trabalho estamos observando um paulatino, mas eficaz e profundo, deslocamento do sujeito; sabemos, de um lado, que tais deslocamentos podem ser encontrados nos fundamentos da estrutura discursiva desses autores; mas a identificação do lugar do sujeito vai se dar muito mais pela resultante do que como um preceito inicial em cada um dos autores até agora discutidos.

Para Descartes, que buscará radicalizar tais deslocamentos pelo simples motivo que o entendimento do mundo deixará de dar-se pela reflexão em torno da sua forma, mas, ao contrário, pela forma resultante da própria reflexão, pareceu-lhe necessário, antes de tecer argumentos e mais argumentos a favor de seus pressupostos, obrigar o sujeito a se "despir de todo o conhecimento prévio", e, só assim, estar pronto para repensar o mundo – só que, agora, pelo viés de sua racionalidade (entendo por razão um ser em si e para si) e, portanto, independentemente das relações sensórias primeiras (o mundo tal como o percebo), mas atingindo as relações sensórias últimas (o fato de que, por perceber que percebo, a condição do existir enquanto sujeito se torna irredutível).

A diferença é, portanto, gritante. Se pudemos identificar o fato de que o uso da perspectiva ou a ideia de um Universo helioestático ou, mesmo, a projeção de Mercator, envolveu deslocar o sujeito para lugares aos quais, de fato, ele não poderia ir, Descartes, no entanto, desloca o sujeito para o interior dele mesmo, e esse sujeito deixa de ser uma realidade corpórea para tornar-se uma entidade a ser construída, na medida em que se atinge o *inter-legir* de sua identidade no limite do irredutível. O sujeito de Descartes não é ele enquanto pessoa, mas enquanto uma abstração última que só será remontada a partir da segunda meditação:

> Mas eu, o que sou eu, agora que suponho que há alguém que é extremamente poderoso e, se ouso dizê-lo, malicioso e ardiloso, que emprega todas as suas forças e toda a sua indústria em enganar-me?...
>
> Mas o que sou eu, portanto? Uma coisa que pensa. Que é uma coisa que pensa? Uma coisa que duvida, que concebe, que afirma, que nega, que quer, que não quer, que imagina também e que sente...
>
> Mas, enfim, eis que insensivelmente cheguei onde queria; pois já que é coisa presentemente conhecida por mim que, propriamente falando, só

concebemos os corpos pela faculdade de entender em nós existente e não pela imaginação nem pelos sentidos, e que não os conhecemos pelo fato de os ver ou de tocá-los, mas somente por os conceber pelo pensamento, reconheço com evidência que nada há que me seja mais fácil de conhecer do que meu espírito... (Ibidem, p.99-106)

A reflexão cartesiana vai, aos poucos, tomando corpo. Não importa efetivamente o que penso, o que não pode ser negado é o fato de que penso; não importa qual é a minha dúvida, o que não pode ser negado é que duvido; por fim, não importa como sou, o que sou, onde estou ou qualquer outra coisa do tipo, o fundamental é que o reconhecimento – a construção da resposta – é um ato do intelecto e, por isso mesmo, por mais que eu seja capaz de observar pelos meus próprios sentidos o meu próprio corpo, a possibilidade de eles me enganarem coloca-me diante do fato de que é muito mais simples e efetivo conhecer o espírito que a matéria e, o que eu conheço da matéria, não é nada mais que um ato do pensamento ou, como afirma Hegel: "O pensar leva, pois, implícito o ser; porém o ser é uma determinação pobre, é o abstrato do concreto do pensar" (Hegel, 1983, p.262, T. A.).

Não é preciso irmos mais longe para perceber o caminho geral dessa metafísica, fundada especificamente na radical ruptura do sujeito com o objeto. Se os sentidos nos enganam, a construção discursiva fundada na experiência é, por definição, enganosa. Assim, a certeza só pode ser obtida na medida em que nos abstemos dos sentidos e, portanto, sublimamos o sujeito, preparando-o para construir – com base na certeza primária – a linguagem sem o objeto,[11] única ferramenta capaz de impedir o engano: a Matemática.[12]

---

11 Esta afirmação é, considerando a obra cartesiana, incorreta, pois ela se contrapõe, enfaticamente, à possibilidade de se desvincular a linguagem do objeto (ver Descartes, 1989, p. 90-100). Mantenho, no entanto, minha posição, por entender que, mesmo negando, o autor, ao abordar o objeto pela dimensão de sua extensão (veremos o assunto mais adiante), o faz pelo fato de ser esta a dimensão passível da matematização e, portanto, é a perfeição da linguagem que definirá, enquanto ferramental, a condição e o limite da própria leitura cartesiana.

12 Não custa evidenciar que há uma grande diferença entre a Matemática dos séculos XV e XVI e a do século XVII – isto é: cartesiana. Recordemos que o ponto de partida para a reflexão matemática anterior a Descartes é a concepção da forma (geometria) e, a partir do pensamento cartesiano, tudo se inverte; com ele inicia-se a construção do que, hoje, concebemos como Matemática.

Com tais reflexões poderemos ir[13] diretamente para a sexta medita-ção, na qual, a título de conclusão, teremos a confirmação dos pressu-postos (do ponto de vista da reflexão cartesiana) e as bases para entrar-mos no *Discurso do método* (do ponto de vista específico deste trabalho):

> noto aqui ... que há grande diferença entre espírito e corpo, pelo fato de ser o corpo ... sempre divisível e o espírito inteiramente indivisível ... E, con-quanto, o espírito todo pareça estar unido ao corpo todo ... qualquer ... parte ... separada do meu corpo, é certo que nem por isso haverá aí algo de subtraído a meu espírito ... Mas ocorre exatamente o contrário com as coisas corpóreas ou extensas: pois não há uma sequer que eu não faça facilmente em pedaços por meu pensamento ... que eu não reconheça como divisível...
>
> ...
>
> Não devo de maneira nenhuma duvidar da verdade dessas coisas se, depois de haver convocado todos os meus sentidos, minha memória e meu entendimento para examiná-las, nada me for apresentado por algum deles que esteja em oposição com o que me for apresentado pelos outros. Pois, do fato de que Deus não é enganador segue-se necessariamente que nisso não sou enganado. (Ibidem, p.147-50)

A conclusão das *Meditações* é um retorno ao ponto de partida, só que agora na forma da certeza – e, portanto, da rejeição da dúvida hiperbólica. Trata-se, evidentemente, de um libelo contra o ceticismo e o empirismo, mas trata-se, antes de tudo, da condição apriorística do próprio ato do pensar. Alma e corpo separados, Deus e homem separados, sujeito e objeto separados. A perfeição de um em contraposição à imperfeição do outro é o deslocamento definitivo. Se antes o perfeito encontrava-se na região supralunar, agora ele expressa-se enquanto abstração pura; se antes

---

13 Este seria um bom momento para colocarmos em discussão o pensamento de Francis Ba-con e todo o empirismo inglês. Não o faremos, no entanto. As razões para essa omissão tão grave podem ser, no entanto, explicadas. Creio, primeiramente, que o espírito geral que envolve o experimentalismo e/ou empirismo já foi traçado quando da discussão em torno de Galileu; o pensamento de Descartes, por sua vez, independentemente das profundas crí-ticas que receberá e do contraponto aparente com Bacon, terá muito mais influência sobre o empirismo que o do próprio Bacon, já que, num caminho aparentemente inverso, o em-pirismo não conseguirá sobreviver sem absorver o que, em Descartes, se torna operacio-nal: isto é, o papel da linguagem matemática; por fim, os conceitos de espaço e tempo em Descartes – por decorrência do que já foi exposto – terão maior influência sobre todo o pen-samento científico e realizar-se-á, como veremos mais adiante, de forma impressionante-mente clara no interior do pensar geográfico.

o perfeito estava na forma – o círculo e sua resultante: a esfera –, agora desloca-se para a relação espácio-temporal kepleriana e atinge, em Descartes, a abstração pura (ou, sua possibilidade), o que, por sua vez, não estará no objeto mas na condição do sujeito em pensá-lo.

Se é possível identificarmos em Hegel (op. cit.) uma certa ingenuidade em todo o desenvolvimento da explicitação cartesiana, isso não torna sua obra menos importante, já que é com base nesse deslocamento do sujeito que (com muito menos ingenuidade) desenvolve-se a possibilidade de pensar em termos de um conhecimento puro (apriorístico), garantindo a construção conceitual iniciada por Galileu – em que, muito além do sujeito, teremos igualmente os objetos puros: o espaço e o tempo absolutos e, portanto, igualmente aprioristicos.[14]

Assim, o espaço tempo mensurável – a identidade matematizada do fenomênico – não se contraporá com o absoluto[15] – que, por ser absoluto, expressa-se como referência extrínseca do movimento. O absoluto, portanto, não é mensurável, é a condição da medida. Em resumo: Descartes lança as bases necessárias para que possamos identificar em rela-

---

14 Cassirer (1986) afirma que: "Se considerarmos Descartes no seu relacionamento pessoal com os cientistas de sua época, veremos que ele se encontra no mais completo isolamento. Fermat, o mais genial dos matemáticos de seu tempo, não é para ele mais que o rival, e a obra mestra de Galileu aparece muito tarde para que possa ser valorizada no seu significado por quem, como ele, marchava por outros caminhos em sua própria carreira científica.

E, não obstante, se contemplamos a teoria cartesiana de um ponto de vista histórico superior, teremos que reconhecer que nela confluem todas as tendências e correntes da ciência moderna, que aparece nela reunida de um modo geral e plasmada em sua própria trajetória a luta de mentalidades e maneiras de pensar que aquelas correntes de pensamento só expõem à luz de alguns problemas isolados.

Chegamos, assim, à conclusão de que a teoria de Descartes reúne em si o conteúdo filosófico de toda a investigação anterior a ela, convertendo-se no centro do qual irradiarão sucessivamente todos os múltiplos caminhos e tendências que hão de abraçar o problema da crítica do conhecimento" (Cassirer, 1986, p.512-3, T. A.).

15 Segundo Descartes (1989): "Chamo de absoluto tudo o que contém em si a natureza pura e simples de que trata uma questão; por exemplo, tudo o que é considerado como independente, causa, simples, universal, uno, igual, semelhante, reto, ou outras coisas deste gênero; chamo-o, primeiramente, o mais simples e o mais fácil, em função do uso que dele faremos na resolução das questões.

Quanto ao relativo, é o que participa desta mesma natureza ou, ao menos, de alguns dos seus elementos, por isso, pode referir-se ao absoluto, e dele se deduzir mediante uma certa série; mas além disso, encerra seu conceito outras coisas, que chamo de relações; assim é tudo o que se diz dependentemente, efeito, composto, particular, múltiplo, desigual, dissemelhante, oblíquo etc." (p.34).

ção a que o absoluto é absoluto e, portanto, qual é a identidade do perfeito e do imperfeito, do fenomênico enquanto materialidade e enquanto espiritualidade, do eu e do outro, isto é, do espaço e do tempo enquanto condição (absoluta) e dos espaços e tempos da empiria (relativos a) e, por conseguinte, a justificava de que a certeza se constrói pela linguagem que identifica a empiria pela abstração pura: a álgebra.

Para continuarmos nossa discussão teremos de reportar-nos agora ao *Discurso do método* (Descartes, 1973), já que é nele que encontraremos os elementos fundamentais para explicitar o que vim afirmando até aqui.

O *Discurso do método* é um texto dividido em seis partes distintas, as quais, segundo o autor, poderão ser resumidas nos seguintes termos:

> na primeira, encontrar-se-ão diversas considerações atinentes às ciências. Na segunda, as principais regras do método que o Autor buscou. Na terceira, algumas das regras da Moral que tirou desse método. Na quarta, as razões pelas quais prova a existência de Deus e da alma humana, que são os fundamentos de sua metafísica. Na quinta, a ordem das questões de Física que investigou, e, particularmente, a explicação do movimento do coração e algumas outras dificuldades que concernem à Medicina, e depois também a diferença que há entre nossa alma e a dos animais. E, na última, que coisas crê necessárias para ir mais adiante do que foi na pesquisa da natureza e que razões o levaram a escrever. (p.35)

Ponto por ponto, novamente Descartes indica um caminho fundamentalmente demonstrativo. Diferentemente das *Meditações*, no entanto, o *Discurso do método* não procura destruir para construir, colocando o autor e suas relações sensórias com o mundo no centro de toda a reflexão (a dúvida hiperbólica). O *Discurso* é, essencialmente, um texto positivo, no qual negação e afirmação evidenciam-se no próprio desenvolvimento dos parágrafos:

> Não quis de modo algum começar rejeitando inteiramente qualquer das opiniões que porventura se insinuaram outrora em minha confiança, sem que aí fossem introduzidas pela razão, antes de despender bastante tempo em elaborar o projeto da obra que ia empreender, e em procurar o verdadeiro método para chegar ao conhecimento de todas as coisas de que meu espírito fosse capaz. (p.44)

Como se vê, o recurso retórico é muito semelhante: Descartes dialoga com o senso comum, colocando-se como um homem comum, cuja

A reinvenção do espaço

única distinção é assumir uma atitude diferenciada em relação ao conhecimento e, por isso mesmo, apontar a possibilidade de qualquer indivíduo – independentemente de seu grau de conhecimento – compreender suas proposições e, melhor que isso, aplicá-las diligentemente.

> Eu estudara um pouco ... entre as partes da Filosofia, a Lógica, e, entre as Matemáticas, a Análise dos geômetras e a Álgebra ... Mas, examinando-as, notei que, quanto à Lógica ... servem mais para explicar a outrem as coisas que já se sabem ... do que para aprendê-las ... Depois, com respeito à Análise dos Antigos e à Álgebra dos modernos ... a primeira permanece sempre tão adstrita à consideração das figuras ... e ... na segunda, a certas regras e certas cifras, que se fez dela uma arte confusa e obscura que embaraça o espírito, em lugar de uma ciência que o cultiva. Por esta causa, pensei ser mister procurar algum outro método que, compreendendo as vantagens desses três, fosse isento de seus defeitos. E, como a multidão de leis fornece amiúde escusas aos vícios ... julguei que me bastariam os quatro seguintes, desde que tomasse a firme e constante resolução de não deixar uma só vez de observá-los. (p.45)

Como vimos, mais uma vez Descartes procura demonstrar – ou, pelo menos, afirmar – as ineficiências ou dificuldades do conhecimento disponível em sua época. A tarefa é construir um único método que dê conta da diversidade de questões de forma inquestionável, que elimine as contradições, que posicione o sujeito perante a *certeza*, já que o objetivo do conhecimento é eliminar a dúvida e ambas são, por pressuposição, inconciliáveis. Vamos às regras, portanto:

> O primeiro era o de jamais acolher alguma coisa como verdadeira que eu não conhecesse evidentemente como tal; isto é, de evitar cuidadosamente a precipitação e a prevenção,[16] e de nada incluir em meus juízos que não se apresentasse tão clara e tão distintamente a meu espírito, que eu não tivesse nenhuma ocasião de pô-lo em dúvida.[17] (p.45)

---

16 A "precipitação" consiste em julgar antes de se ter chegado à evidência, e a "prevenção", na persistência dos "prejuízos da infância" (nota do editor com o número 22 no original).

17 Cf. Princípios, 1, 45: "Denomino claro o que é presente e manifesto a um espírito atento ... e distinto o que é de tal modo preciso e diferente de todos os outros, que compreende em si apenas o que parece manifestamente a quem o considere como se deve" (Nota do editor com o número 23 no original).

Isolada, a afirmação de Descartes é certamente ingênua. Inserida no contexto das *Meditações* ela toma forma definida e consistência filosófica, já que a eliminação da dúvida ou a "clareza espiritual" é, evidentemente, subsumida no processo de desmontagem da relação sujeito-objeto e de desvendamento do que há de apriorístico no conhecimento.

> O segundo, o de dividir cada uma das dificuldades que eu examinasse em tantas parcelas quantas possíveis e quantas necessárias fossem para melhor resolvê-las.[18] (p.46)

É considerando a questão da dúvida hiperbólica solucionada que este segundo movimento passa a ter sentido. "Dividir cada uma das dificuldades" implica, de um lado, que o objeto se coloque para o sujeito como um "problema" e, de outro, a capacidade do sujeito de entendê-lo como passível de ser parcelado; por isso mesmo, o objeto ao apresentar-se coloca-se como equação, já que é dessa maneira que o sujeito formula o problema por ele (objeto) proposto. Vamos adiante e, creio, o problema se tornará mais claro.

> O terceiro, o de conduzir por ordem meus pensamentos, começando pelos objetos mais simples e mais fáceis[19] de conhecer, para subir, pouco a pouco, como por degraus, até o conhecimento dos mais compostos, e supondo mesmo uma ordem entre os que não se precedem naturalmente uns aos outros.[20] (p.46)

---

18 "As palavras 'dificuldade' (que significa: problema matemático) e 'resolver' devem remeter-nos à Geometria, nomeadamente à primeira parte do Livro III, onde se trata da resolução das equações mediante dois métodos: quer realizando o produto dos binômios compostos da incógnita menos cada uma das raízes; quer, 'quando não se encontra nenhum binômio que possa assim dividir a soma toda da equação proposta', considerando a equação como o produto de dois polinômios (método das indeterminadas). Supor-se-á, por exemplo, que a equação do quarto grau é fruto da multiplicação de duas equações arbitrárias do segundo grau. Não é, pois, questão somente de 'dividir', mas também de decompor até os elementos mais simples cuja combinação engendrará a solução." (Nota do editor com o número 24 no original.)

19 "Vuillemin observa que 'simples' e 'fácil' não são sinônimos. 'É fácil o que é simples segundo nós e, por assim dizer, do ponto de vista psicológico. É simples o que é primeiro pela ordem das coisas.' ... O raciocínio mais fácil (pedagógica e sinteticamente) nem sempre é o mais simples (segundo a ordem e analiticamente)." (Nota do editor com o número 28 no original.)

20 "Constituição de uma série em que cada termo ficará colocado antes dos que dele dependem e depois daqueles de que ele depende. A Geometria, na sua classificação das curvas, ilustra a importância da ordem assim concebida: 'as linhas mais compostas' serão nela rece

Colocar em ordem a partir do mais simples é uma possibilidade que só se torna compreensível se, e somente se, a ideia de simplicidade se colocar no plano da intuição pura (o que se realizará, plenamente, somente com Kant – assunto a ser discutido no próximo capítulo). O editor faz referência direta às relações matemáticas pressupostas na afirmação cartesiana, mas as aplicações proferidas pelo próprio Descartes – e nesse mesmo texto – no campo da moral e da medicina nos colocam, decididamente, diante de uma postura geral que, se tem suas possibilidades e decorrências mais claras no desenvolvimento do cálculo algébrico, o autor parece ter em mente muito mais uma intuição resultante da prática de tais cálculos – indicando seu uso como método de todo o processo do conhecimento – que a tentativa de demonstrar as relações matemáticas enquanto tais.

A quarta e última proposição parece vir a favor de meus argumentos:

> E o último, o de fazer em toda parte enumerações tão completas e revisões tão gerais, que eu tivesse a certeza de nada omitir.[21] (Ibidem, p.46)

Há que colocar aqui, seguindo o próprio texto de Descartes – e levando em consideração os comentários do editor – que a leitura de suas proposições no interior do desenvolvimento do cálculo é um reducionismo. Por "enumerações completas" podemos, perfeitamente, concordar com o comentarista, mas elas não têm um sentido em si mesmas: o objetivo da enumeração completa é a busca da "certeza de nada omitir", e, por isso mesmo, há uma evidente diferenciação entre a linguagem do sujeito – e as reflexões em torno de seus usos e possibilidades – e o discurso pro-

---

bidas tanto como as mais simples, 'contanto que possamos imaginá-las descritas por um movimento contínuo ou por vários que se seguem e dos quais os últimos sejam inteiramente regrados pelos que os precedem; pois, mediante isso, podemos sempre ter um conhecimento exato de sua medida. ... A ordem é o garante da homogeneidade de um domínio e da possibilidade de determinar com certeza os seres que ele inclui ou exclui. Isto será válido tanto em Metafísica como em Geometria." (Nota do editor com o número 25 no original.)

21 Pode parecer que esta regra repita a segunda, visto que a divisão em "parcelas" é a mesma coisa que a enumeração das variáveis. Vuillemin, que evoca esta dificuldade em seu livro *Mathématiques et Métaphysique chez Descartes* (p.137), pensa que tal regra é antes ilustrada pela enumeração de todos os casos possíveis para a solução de uma equação, o que possibilita a escolha da solução mais geral. "Preceito reflexivo e regulador que versa sobre os métodos e não sobre os problemas" (Nota do editor com o número 26 no original).

priamente dito – isto é, o que o sujeito fala, matematicamente, sobre seu objeto de reflexão.

Este parece ser o ponto de inflexão que funda o pensamento cartesiano e é a ele que a ideia de "lei natural"[22] (numa alusão direta ao absolutismo) e sua formulação matemática (na inquestionabilidade da linguagem a inquestionabilidade do discurso) que, tanto para contrapor-se como para defender, a ciência construída pelo desenvolvimento da sociedade burguesa deve – a Descartes – o fato de ter sistematizado, e Newton[23] será, efetivamente, o melhor exemplo de todo esse processo.[24]

Para que possamos encerrar essa longa reflexão em torno de Descartes faz-se necessário, ainda, dedicarmo-nos a um pequeno trecho das Regras para a *direção do Espírito*, no qual veremos com maior clareza suas proposições em relação à leitura matemática dos fenômenos.

Vamos a ele, portanto:

> a extensão, a figura, o movimento e coisas semelhantes ... conhecem-se em diversos sujeitos por intermédio de uma mesma ideia ... Esta ideia comum não se transfere de um sujeito para outro a não ser por uma simples comparação: afirmamos que o que se procura é, segundo este ou aquele aspecto, parecido, idêntico ou igual a um objeto dado, de tal forma que, em

---

22 Ainda no *Discurso do método* encontraremos as seguintes afirmações: "E, no entanto, ouso dizer que não só encontrei meio de me satisfazer em pouco tempo no tocante a todas as principais dificuldades que costumam ser tratadas na Filosofia, mas também que notei certas leis que Deus estabeleceu de tal modo na natureza, e das quais imprimiu tais noções em nossas almas, que, depois de refletir bastante sobre elas, não poderíamos duvidar que não fossem exatamente observadas em tudo o que existe ou se faz no mundo" (p.59).

23 Roland Omnès (1996) tece o seguinte comentário em torno de Newton: "Podemos mencionar, em termos de pequena História, que Newton, que odiava tudo o que viesse de Descartes, tinha como ponto de honra jamais se valer de seu método. Pôde fazer isso, pois os problemas mais importantes que teve de resolver o conduziam a trajetórias cônicas. Isso lhe permitiu não mencionar o nome de Descartes em sua grande obra , mas seus sucessores logo tiveram de se libertar desse interdito que Newton, aliás, evitara formular explicitamente" (p.53).

24 Ou, como afirma o próprio Descartes: "Mas o que me contentava mais nesse método era o fato de que, por ele, estava seguro de usar em tudo minha razão, se não perfeitamente, ao menos o melhor que eu pudesse; além disso, sentia, ao praticá-lo, que meu espírito se acostumava pouco a pouco a conceber mais nítida e distintamente seus objetos, e que, não o tendo submetido a qualquer matéria particular, prometia a mim mesmo aplicá-lo tão utilmente às dificuldades das outras ciências como o fizera com as da Álgebra" (Ibidem, p.48).

todo o raciocínio, é apenas por comparação que conhecemos a verdade de uma maneira precisa...

...

É preciso notar, em seguida, que só se pode reduzir a esta igualdade o que supõe o mais e o menos, e tudo isso está compreendido no nome de grandeza...

...

Por dimensão, nada mais entendemos do que o modo e a maneira segundo a qual um sujeito se considera como mensurável...

Por aqui se vê que pode haver no mesmo sujeito uma infinidade de dimensões diversas e que nada absolutamente acrescentam às coisas que as possuem... (p.91-9)

Toda esta citação foi retirada da regra XIV (o texto como um todo possui 21 regras), e parece-me deixar claro como Descartes propõe que o sujeito aborde o objeto. Se nas *Meditações* temos a imagem clara do posicionamento do sujeito – e, portanto, de sua certeza – aqui vemos que tal certeza é, fundamentalmente, um ferramental de leitura.[25] Não importa, de fato, a maneira pela qual o objeto estimula meus sentidos – já que, por pressuposição, isso pode nos levar ao engano – mas, não está descartada a possibilidade do sentir.

O papel do sujeito é, portanto, armado do ferramental da certeza, abordar o objeto naquilo que ele tem de dimensionável (categoria que, em Descartes, toma o sentido de mensurável), não porque isso não nos

---

25 Gilles-Gaston Granger, na sua introdução à edição do *Discurso do método* e das *Meditações* que estou usando faz uma singular consideração que merece ser observada: "Toda a filosofia cartesiana constitui uma tentativa para desenvolver com vigilância esta árvore das ciências cujas raízes são a Metafísica, o tronco a Física, e os ramos as demais ciências que dela derivam, a saber, principalmente, a Medicina, a Mecânica e a Moral ... Observar-se-á que nesta célebre imagem da árvore do conhecimento a Matemática não se acha representada. Estranha lacuna, dir-se-á, se se pensar nas afirmações de Descartes sobre a importância desta ciência, cujos raciocínios ele queria que penetrassem toda a sua Física. É que o estatuto da Matemática é singular; ela não se acha nem no nível da Metafísica, que funda a ciência e lhe fornece seus princípios, nem no nível das outras ciências, que reconstroem as coisas pelo pensamento, dando a razão dos efeitos. Como ciência da extensão, ela condiciona diretamente o conhecimento das coisas sensíveis e se encontraria, portanto, no direito de fazer parte da Física; mas, de fato, como toma para objeto o que há de mais simples nas coisas, de mais imediatamente acessível nelas às ideias claras e distintas, ela intervém no sistema essencialmente como paradigma da dedução rigorosa, é exercício imediato do método..." (p.16).

seja dado pelos sentidos, mas, justamente, porque poderemos, assim, colocar os sentidos subsumidos à razão.

De tudo isso poderemos refletir o significado geral dos questionamentos cartesianos e, portanto, a diferença entre o *res-extensa* e o *res-cogito* que marcará definitivamente o conhecimento científico ocidental.

A certeza sobre o primeiro encontra-se no apriorismo do segundo e ambas as ideias, corroborando ou não a maneira pela qual Descartes as anuncia, serão a pedra de toque da nossa "forma de pensar". O "sonho de Descartes" deu seus frutos e, como chegou a afirmar Burtt (1991), ele se expressa na crença de que a Matemática é a linguagem tanto do Real quanto, por consequência, do sujeito que pretende entendê-la.

5
Localizar, identificar, pressupor

> Pelo nome de natureza se deve compreender aqui a reunião de todas as coisas corpóreas e materiais que compõem a grande fábrica deste mundo visível. Todos os corpos materiais, enquanto sensíveis, são a matéria e o objeto material da Física; porém sob outras denominações acidentais pertencem a outras faculdades: enquanto mensuráveis à Matemática, enquanto sanáveis à Medicina etc. Todas as afecções que convêm ao corpo natural enquanto sensível, como a geração, mutação, corrupção, alteração movimento, quietude etc. são o motivo, ou objeto principal e de atribuição. E assim pode-se definir a Física: conhecimento do corpo sensível por suas afecções e propriedades sensíveis
>
> (Fanjas, apud Capel, s.d., p.519, T. A.)

5.1 As longitudes

Existe uma profunda diferença entre cartografar caminhos e cartografar processos, entre o momento da perplexidade e do maravilhamento e o planejamento da reordenação territorial, entre a identificação do objeto e a identificação do sujeito. Há, efetivamente, uma diferença estrutural entre Colombo e Cortez, entre as cartas-portulano e a projeção de Mercator e desta como base para cartas temáticas, bem como a diferença é evidente entre um Nicolau de Cusa e um Descartes.

Tais diferenças, no entanto, não podem nos levar à ilusão de qualquer tipo de linearidade. Na verdade, o que se pode constatar é que, seja no processo de expansão, seja no de apropriação territorial, estamos preocupados em entender o desenvolvimento do discurso científico – e seus embates internos –, e mesmo as relações políticas de todo esse período; o fio condutor de qualquer reflexão será, sempre, o de confrontar-se com contradições e delas extrairmos o sentido geral do que chamamos aqui de revolução geográfica (a qual, por sua vez, só poderá ser compreendida no contexto da chamada revolução burguesa).

Um bom exemplo das idas e vindas que caracterizaram os séculos XVII e XVIII poderá ser retirado, mais uma vez, das tentativas de solucionar problemas cartográficos.

Somente para não nos perdermos em meio a uma massa infindável de informações, vale recordarmos o fato de que o início do ciclo das navegações expressou-se, cartograficamente, pelo desenvolvimento das cartas-portulano, mas que, tão logo portugueses e espanhóis passaram a percorrer o Atlântico, as dificuldades se tornaram cada vez mais evidentes.

Por sua vez, os portugueses, na tentativa de superar os problemas de localização, passaram a usar as observações astronômicas para identificar, sobre as cartas-portulano, as latitudes, ao passo que, já no final do século XVI, Mercator propunha uma nova projeção, procurando solucionar algumas dificuldades básicas do processo de navegação.

O que não podemos deixar de lado é o fato de que existe uma grande diferença entre desenhar paralelos e meridianos sobre uma esfera – projetando-os sobre um cilindro –, e certificar-se de que a localização das terras plotadas sobre os mapas era, de fato, precisa. Mais que isso, mesmo que as terras estivessem corretamente localizadas havia, ainda, o problema dos navios e sua localização em mar aberto. Em resumo: não basta saber onde quero chegar, é preciso, também, saber onde estou, ou, então, não há como traçar nenhum caminho. No final das contas é preciso lembrar que, nesse período, não se sabia ao certo qual era a medida exata do Equador, o que, por sua vez, impedia que se identificasse a relação entre distância angular e distância linear, condição absolutamente necessária para a definição dos percursos.[1]

---

1 Vale notar que, passados cem anos da aventura de Colombo, Portugal e Espanha continuavam a se acusar mutuamente de desrespeito ao Tratado de Tordesilhas. Acontece que, in-

Brown (1979) informa-nos que em 1598, o rei da Espanha, Felipe III, ofereceu uma pensão perpétua de 6 mil ducados, mais uma pensão de 2 mil por toda a vida e um adicional de 1 mil ducados para quem descobrisse uma maneira precisa de localizar a longitude. Atitudes semelhantes foram tomadas por portugueses e venezianos mas tais fortunas não foram conquistadas por ninguém.

Um dos mais importantes personagens desse "sonho impossível" foi, sem dúvida, Galileu. Brown conta-nos esse episódio com as seguintes palavras:

> Em agosto de 1636, Galileu ofereceu ... seu plano para a Holanda ... Ele havia descoberto o que poderia ser um cronometrista celestial notável – Júpiter. Ele, Galileu, havia sido o primeiro a observar os quatro satélites, os ... *Sidera Medicea*, como ele os chamou, e estudado seus movimentos ... Em 1612 ... ele tinha preparado tabelas indicando as posições dos satélites em diferentes horas da noite. Estas poderiam ser preparadas com vários meses de antecedência e determinavam o tempo médio imediato em dois lugares diferentes. Desde então, ele tinha passado vinte e quatro anos aperfeiçoando as tabelas dos satélites, e agora estava pronto a oferecê-las para a Holanda, junto com instruções minuciosas para o uso de qualquer um que desejasse achar a longitude em mar ou em terra. (1979, p.209-10, T. A.)

O final da história, como todos sabemos, é trágico. As intervenções da Inquisição e, posteriormente, a morte de Galileu, impediram que os estudos sobre suas descobertas fossem desenvolvidos.

É verdade que as perspectivas de Galileu em identificar a longitude pela observação do movimento dos satélites de Júpiter possuíam muitos inconvenientes técnicos, mas é com essa ideia que os franceses, na época de Luís XIV, construíram a *Académie Royale*, oferecendo altos salários àqueles que, em toda a Europa, projetavam-se no desenvolvimento de pesquisas astronômicas e cartográficas.

A criação da *Académie* tinha por objetivo explícito construir mapas precisos, tanto de Paris quanto da França e do mundo todo. Na época já era claro que o desenvolvimento de uma cartografia precisa resultaria, independentemente da escala, na possibilidade de um melhor planeja-

---

dependentemente de ser ou não verdade, toda a discussão carecia de uma definição técnica que pudesse ser respeitada por ambos os conquistadores.

mento – tanto das viagens e, portanto, do comércio exterior e controle das colônias, quanto da ação interna do poder do Estado.

Além da figura de Colbert, uma espécie de eminência parda do governo de Luís XIV, um dos principais personagens da *Académie* foi Cassini, contratado para dirigir todo o empreendimento em razão de sua fama como cartógrafo. É o mesmo Brown que nos conta o seguinte:

> Um dos primeiros trabalhos de Cassini foi o de servir como consultor científico para a Igreja na determinação precisa de Dias Santos, uma aplicação importante de cronologia e longitude. Ele repassou a linha de meridiano na Catedral de São Petrônio, construída em 1575 por Ignazio Dante, agregando-lhe um grande muro na forma de quadrante, o qual levou dois anos para ser construído. Em 1655, quando foi completado, ele convidou todos os astrônomos na Itália a observar o solstício de inverno e examinar as novas tabelas do sol, pelas quais poderiam ser determinados, agora com precisão, os equinócios, os solstícios e numerosos Dias Santos.
>
> Cassini foi logo designado, pelo Senado de Bolonha e pelo Papa Alexandre VII, para determinar a diferença de nível entre Bolonha e Ferrara, objetivando a navegação dos rios Pó e Reno. Ele não só fez um trabalho completo de agrimensura, mas escreveu um relatório detalhado dos dois rios e suas peculiaridades como mananciais (1979, p.216, T. A.)

Uma longa série de idas e vindas segue-se à contratação de Cassini. O que nos interessa, no entanto, é identificar que, apesar de todos os esforços da *Académie* e da capacidade técnica por ela apropriada, no sentido de possibilitar aos franceses o desenvolvimento de mapas cada vez mais detalhados e precisos de Paris, da França e do mundo, os problemas de localização das longitudes permaneceram. Havia, de fato, um problema de ordem mecânica que nenhuma observação dos satélites de Júpiter poderia resolver: não se conseguia produzir um relógio que funcionasse com precisão em diferentes temperaturas, umidades, pressões atmosféricas, latitudes e, principalmente, que suportasse o balanço dos navios.

Sem um relógio preciso e sempre disponível (o que não era o caso de Júpiter), localizar longitudes não passava de um simples desejo e a solução para o problema não veio dos acadêmicos reunidos na França, mas de um carpinteiro inglês chamado Harrison, o qual, durante mais de 40 anos, trabalhou no desenvolvimento de um cronômetro capaz de resolver a questão, o que ocorreu, numa primeira versão, em 1735.

Assim, não me parece exagerado afirmar que é somente no século XVIII que teremos, efetivamente, a capacidade técnica de fundir o desenvolvimento dos conhecimentos teóricos da geometria e da álgebra com a condição prática de plotar sobre os mapas a localização exata dos lugares. Mas, vale lembrar, o desenvolvimento de todo esse processo não se reduziu à pequena história que acabei de contar: à aplicação do sistema de coordenadas e à invenção do relógio de Harrison deve-se juntar a presença de lunetas, telescópios, bússolas, cronômetros, barômetros etc., que ajudarão a definir o próprio significado da cartografia e a redefinir sua linguagem.

Os exemplos são muitos e vamos nos deter, aqui, a observar somente dois.

O primeiro, da Figura 12, procura retratar o extremo norte da América do Norte e já nos dá uma imagem de uma profunda revolução na linguagem cartográfica, em que os detalhes hipsométricos, hidrográficos e toponímicos passam a ser os elementos mais enfáticos, deixando de lado a profusão de linhas loxodrômicas mais comuns aos mapas elaborados no século anterior.

O segundo, da Figura 13, é uma carta de Veneza. Uma verdadeira obra de arte, da qual é possível inferir todo o ordenamento territorial da cidade.

Efetivamente, não nos importa aqui ler, detalhe por detalhe, os cartogramas que vão tomando conta do arsenal informativo da expansão mercantil e dos primeiros e efetivos movimentos da sociedade fabril. O que nos deve chamar a atenção é, justamente, a simbiose entre linguagem, técnica e demanda social.

Recordemos que Thompson (1989) fez um esforço monumental no sentido de desvendar as relações entre o desenvolvimento do conceito de tempo, a tecnologia do relógio e as possibilidades de uma prática social de controle da força de trabalho. O vínculo que ele buscou é explícito: o desenvolvimento do modo de produção capitalista e do sistema fabril é, entre outros aspectos, o desenvolvimento do controle do processo de trabalho pela via do controle do tempo de trabalho, isto é, a subsunção da força de trabalho no ritmo da máquina e, para isso, foi necessário consolidar a ideia de tempo como um dado a *priori*, sob o qual se coloca a naturalidade do trabalho fabril.

Nossa preocupação difere da de Thompson no que se refere à categoria em evidência: Espaço. E, pelo que vimos até aqui, tal como a ideia de tempo, a de espaço também se apresenta como uma categoria articuladora e fundamental das novas relações sociais. Diferentemente do tempo, cuja imagem mais forte é a transição da ampulheta para o relógio mecânico, distribuído pelas torres e praças das cidades para indicar a diferença entre o ritmo do trabalho fabril e urbano e o do trabalho agrário e rural, o espaço se expressará na imagem cartografada multiescalar do mundo e na realocação do imaginário quanto à localização das cidades, rios, continentes e planetas.

Na medida em que se preenche a noção de tempo que, ao expressar-se de forma sincopada passa a ser a imagem relativa do absoluto, as noções de espaço da geometria euclidiana passam a ser, efetivamente, o espaço relativo do absoluto e, portanto, mensurável e externo a todo o fenomênico.

A maturidade desse processo define-se, portanto, pela internalidade conceitual de tempo – no controle do processo de trabalho – e pela externalidade do espaço – no controle da condição do trabalho.

O "onde" dos fenômenos também se esvazia de seu significado subjetivo para expressar-se na sua formulação matematizada, o que, num aparente paradoxo, significa reencarná-lo de um novo significado: o da delimitação geométrica da propriedade privada – condição produtiva objetiva – e do Estado – condição produtiva no plano jurídico-político.

Assim, a discussão que, tendencialmente, vai se expressar como embates de cunho teológico, astronômico, cartográfico ou, genericamente, filosófico, está de fato procurando caminhos que permitam (como diriam os matemáticos: uma relação biunívoca) a identidade entre o discurso e a prática, entre o desenho do mundo e o mundo, entre o desejo e a possibilidade, e esta foi, definitivamente, a tarefa do Iluminismo.

Assim, pelo que vimos e, principalmente, pelo que analisaremos a seguir, o princípio de assepsia proposto pela matematização da leitura é, na verdade, um salto monumental em busca de uma ressignificação. É justamente isso que nos mostram Newton e Kant e é em torno deles que procurarei colocar um ponto final em toda essa discussão.

5.2 "God said 'let Newton be' and all was light"[2]

Newton nasceu no mesmo ano em que Galileu veio a falecer e tinha, portanto, oito anos na época do desaparecimento de Descartes. Um dado, no entanto, marca sua história: o de ter sido, de fato, o realizador do "sonho de Descartes", isto é, Newton foi cantado em prosa e verso como a imagem daquele que veio para unificar o conhecimento, dando a ele um corpo consistente e irrefutável.

Creio que a prova mais evidente dessa unificação é o fato de Newton, diferentemente de todos os seus predecessores, ser identificado em uníssono como físico. Apenas para ficarmos nas personagens diretamente trabalhadas neste texto, podemos afirmar que Nicolau de Cusa é considerado, genericamente, um filósofo/teólogo; Copérnico, um astrônomo; Bruno, um filósofo; Kepler e Galileu, também astrônomos; Descartes, um matemático e filósofo. Nada, no entanto, nos impede de afirmar que todos eles trataram dos mesmos temas e, como veremos, não será Newton uma exceção a essa regra, mas ele, e somente ele, será identificado como físico.[3]

Tal caracterização não passaria, entretanto, de uma simples constatação se, ao mesmo tempo, não tivesse sido Newton o responsável por caracterizar, em primeiro lugar, a Física como uma ciência específica e, ao colocá-la como retrato acabado da razão, não tivesse ele propiciado as condições para transformar esse campo do conhecimento no paradigma da verdade incontestável.

Tal fenômeno, contudo, ultrapassa os limites de uma simples reificação da Física como um corpo unificado e específico do conhecimento. Na verdade, o grande salto newtoniano foi ter ultrapassado os limites do discurso galileano/cartesiano, no que se refere tanto ao papel da linguagem matemática quanto à apologia do experimentalismo. Para Burtt, Newton é o primeiro grande positivista (1991, p.183) – e, para o volume de informações dadas até aqui, qualquer opção nesse sentido é te-

---

2 Alexander Pope, apud Balibar (1988, p.69).

3 Não me parece um exagero lembrar que tais adjetivações não passam de reducionismos. As obras dos autores citados de maneira alguma poderiam ser reduzidas a esta ou àquela qualificação, na medida em que os temas tratados procuram, sempre, sistematizar uma cosmologia, no sentido mais amplo que tal expressão possa conter.

merária –, mas nada nos impede de refletir sobre o significado de expressões como Física Social (depois Sociologia), Geografia Física e Antropologia Física, em que a identidade de um campo do conhecimento se transforma em adjetivação – para fins de legitimação – de discursos absolutamente díspares.

Colocar em evidência o discurso newtoniano, para os fins a que este trabalho se propõe, exige, portanto, uma digressão: o que quer dizer, no final das contas, a expressão "Física"? Em que o seu uso subverte o corpo geral das reflexões até então chamadas de *filosóficas*, *astronômicas*, *matemáticas*?

5.2.1 Digressão em torno do significado de Física

Para que possamos desenvolver nossa digressão, recorremos aqui a um texto já citado em capítulo anterior: *O conceito de physis em Homero, Heródoto e nos pré-socráticos*, escrito por Henrique Graciano Murachco (1996). Trata-se, com certeza, de um desvio completo no tipo de referência bibliográfica que vim usando até aqui (Murachco, afinal, é professor de Língua e Literatura Grega), mas que, como veremos, contém os elementos básicos para nossa digressão.

Vamos a ele, portanto:

> Vejamos em grego *physis* ... Esta palavra é derivada do verbo *phiomai/ phiô*.
> Na voz ativa, fazer brotar, fazer nascer, produzir (*Ilíada*, VI, 148), raramente intransitivo (*Ilíada*, VI, 149).
> O primeiro registro do verbo aparece na *Ilíada*...
> ...
> *physis*, diferenciando-se de *phima*, é a "realização (acabamento) *efetuada* de um devir", natureza "no que ela é realizada, com todas as propriedades"...
> ...
> Essa raiz *phy* será usada nas línguas indo-europeias para substituir, como partes supletivas, o verbo *ser* no passado...
> *Physis* é um derivado da raiz *phy*, brotar, crescer. O sufixo *-sis* ... significa a realização do ato verbal, na visão interna, pontual, aorista...
> Podemos dizer, então que *phisis* significa "brotação", isto é, o ato dinâmico de nascer, de brotar.

> ... em Homero, só aparece uma vez a palavra *physis*...
> Só a partir do século VI é que a palavra ... passa a ser usada com frequência
> ...
> Os pré-socráticos representam a passagem do homem mítico ao homem da *pólis*, o homem racional.
> Há uma coincidência ... todos eles escreveram livros com o mesmo título: *Sobre a Natureza*...
> Tales, ao afirmar que a água é o princípio de todas as coisas, está procurando saber do que o mundo é feito, isto é, a *physis* do universo... (p.12-7)

Segundo Murachco, portanto, o significado originário da expressão é o de Natureza. Evitemos aqui maiores discussões semânticas e vamos nos ater somente aos limites de nossa temática principal. O texto de Murachco não nos permite delinear os caminhos percorridos pela expressão a partir do pensamento clássico grego, mas dá-nos uma pista importante no sentido de podermos identificar a pretensão subjacente ao discurso da Física.

Pelo que pudemos entender até aqui, mais que uma discussão sobre Natureza (enquanto um substantivo), a Física é uma tentativa sistemática para desvendar-se a "Natureza da Natureza", isto é, os fundamentos últimos (ou primeiros?) da processualidade que torna o real um real-para-nós ou, o que é o mesmo, um real-para-o-sujeito.

Não me parece difícil compreender a razão de toda essa discussão, antes de Newton,[4] estar agrupada sob a consigna geral de Filosofia, mas a razão pela qual a filosofia passa a ser identificada como um mero exercício especulativo (e tal expressão tem uma clara intenção pejorativa), e a Física torna-se o exercício científico por excelência, só poderemos compreender refletindo diretamente sobre a produção newtoniana.

5.2.2 O espaço e o tempo de Newton

> Até aqui só me pareceu ter que explicar os termos menos conhecidos, mostrando em que sentido devem ser tomados na

---

4 O fato de a Física ser o "tronco da árvore" do conhecimento em Descartes não transforma esse tipo de identidade em senso comum, pois, no final das contas, a imagem cartesiana colocava a Metafísica na raiz enquanto Newton indicava, enfaticamente, que os físicos deveriam tomar cuidado com a Metafísica.

continuação deste livro. Deixei, portanto, de definir, como conhecidíssimos de todos, o tempo, o espaço, o lugar e o movimento. Direi, contudo, apenas que o vulgo não concebe essas quantidades senão pela relação com as coisas sensíveis. É daí que nascem certos prejuízos, para cuja remoção convém distinguir as mesmas entre absolutas e relativas, verdadeiras e aparentes, matemáticas e vulgares.

(Newton, 1974a, p.14)

O ponto de partida não poderia ser melhor. O texto acima, retirado de *Princípios matemáticos da filosofia natural*, faz parte do escólio. Nele o posicionamento newtoniano já vai se tornando claro, na medida mesma em que entende que as categorias como tempo, espaço, lugar e movimento são de conhecimento geral. O geral de Newton, no entanto, não se refere ao vulgo e é assim que ele justifica que o que foi deixado de lado deverá fazer parte da discussão. Trata-se de um adendo, é verdade, mas, mesmo assim, o que é de conhecimento geral tem lá suas particularidades (a leitura de Newton) e, portanto, deve ser esclarecido.

Essa verdadeira confusão de identificações e objetivos encerra-se com um posicionamento que, em princípio, assume o caráter de uma lista de dualidades: absoluto x relativo, verdadeiro x aparente e matemático x vulgar. Está, portanto, claro o lugar do pensamento vulgar (aparente, relativo) e do matemático (absoluto, verdadeiro) e é no interior dessa contraposição que cada uma das categorias vai assumir significado para o pensamento newtoniano.

I O tempo absoluto, verdadeiro e matemático flui sempre igual por si mesmo e por sua natureza, sem relação com qualquer coisa externa; o mesmo tempo relativo, aparente e vulgar é certa medida sensível e externa de duração por meio do movimento (seja exata, seja desigual), a qual vulgarmente se usa em vez do tempo verdadeiro, como são a hora, o dia, o mês, o ano.

II O espaço absoluto, por sua natureza, sem nenhuma relação com algo externo, permanece sempre semelhante e imóvel; o relativo é certa medida ou dimensão móvel desse espaço, a qual nossos sentidos definem por sua situação relativamente aos corpos, e que a plebe emprega em vez do espaço imóvel, como é a dimensão do espaço subterrâneo, aéreo ou celeste definida por sua situação relativamente à terra. Na figura e na grandeza, o tempo absoluto e o relativo são a mesma coisa, mas não permanecem sempre numericamente o mesmo. Assim, por exemplo, se a terra se move, um espaço do nosso ar que permanece sempre o mesmo relativamente, e com respeito à terra, ora será uma parte do espaço absoluto no qual passa o ar, ora outra parte, e nesse sentido mudar-se-á sempre absolutamente. (Op. cit., p.14)

O tempo absoluto flui e o espaço absoluto é imóvel; hora, dia, mês e ano não são o tempo verdadeiro (mas vulgar); o espaço subterrâneo, aéreo e celeste são referências da plebe (o vulgo, o vulgar, o não verdadeiro, o não matemático). Como se vê, Newton tem, efetivamente, problemas com a linguagem não matemática, já que, mesmo que a expressão "vulgar" ou "da plebe" contenha, especificamente, um juízo de valor de caráter pejorativo, a existência do espaço e do tempo relativos não é contestada. Todo o percurso, na verdade, acaba por chegar onde seus predecessores já haviam tocado: o absoluto é a condição do relativo e, nesse contexto, sua referência, e é isso que podemos observar no final do parágrafo, já que, se "a terra se move, um espaço do nosso ar que permanece sempre o mesmo relativamente, e com respeito à terra, ora será uma parte do espaço absoluto no qual passa o ar, ora outra parte, e nesse sentido mudar-se-á sempre absolutamente". Observemos, portanto, que:

- O ponto de partida é fenomênico – "a terra se move".
- Mas, para ela se mover, a precondição é o "espaço do nosso ar".
- Trata-se, portanto, do espaço de alguma coisa, isto é, "do nosso ar".
- *Ele* (no caso, trata-se do espaço, e não do ar nem do planeta) será *ora* relativo, *ora* absoluto.
- Será relativo quando se tratar de "uma parte do espaço absoluto", e, portanto, condição para o movimento do ar.
- Será absoluto quando se tratar de "outra parte".
- O que é esta "outra parte"? Difícil dizer usando-se exclusivamente o texto em referência. Para isso será necessário seguirmos em frente.

III O lugar é uma parte do espaço que um corpo ocupa, e, com relação ao espaço, é absoluto ou relativo. Digo uma parte do espaço, e não a situação do corpo ou a superfície ambiente. Com efeito, os lugares dos sólidos são sempre iguais, mas as superfícies são quase sempre desiguais, por causa da dessemelhança das figuras; as situações, porém, não têm, propriamente dito, quantidade, sendo antes afecções dos lugares que os próprios lugares. O movimento do todo é o mesmo que a soma dos movimentos das partes, ou seja, a translação do todo que sai de seu lugar é a mesma que a soma da translação das partes que saem de seus lugares, e por isso o lugar do todo é o mesmo que a soma dos lugares das partes, sendo, por conseguinte, interno e achando-se no corpo todo. (Newton, 1974a, p.14-5)

- O pressuposto newtoniano permanece o mesmo dos parágrafos anteriores, isto é, na medida em que lugar é a parte do espaço ocupada por um corpo, a diferença entre espaço e lugar é a presença do fenomênico mas, por ser uma pressuposição, o corpo não interfere na forma do lugar.
- O corpo, por sua diferencialidade, possui superfícies desiguais mas o lugar, enquanto tal, não possui quantidade.
- Assim, aquilo que é, parece não ser realmente, pois o lugar dos sólidos é "antes afecções dos lugares que os próprios lugares".
- O restante do parágrafo refere-se ao movimento das partes e do todo e, efetivamente, não lança nenhuma luz nova sobre o conceito de lugar "já conhecido de todos".

> IV O movimento absoluto é a translação de um corpo e um lugar absoluto para outro absoluto, ao passo que o relativo é a translação de um lugar relativo para outro relativo ... Logo, se a terra está realmente parada, o corpo que está em repouso relativo no navio mover-se-á verdadeira e absolutamente na velocidade com que o navio se move na terra. Mas se a terra também se move, o verdadeiro e absoluto movimento do corpo surgirá em parte do verdadeiro movimento da terra no espaço imóvel, em parte do movimento relativo do navio na terra; e se o corpo também se mover relativamente no navio, surgirá seu verdadeiro movimento em parte do verdadeiro movimento da terra no espaço imóvel, em parte dos movimentos relativos, tanto do navio na terra, como do corpo no navio, e desses movimentos relativos nascerá o movimento relativo do corpo na terra... (p.15)

Na continuidade, o que temos é a contraposição entre movimento absoluto e relativo. Vejamos cada uma de suas partes:

- "O movimento absoluto é a translação de um corpo e um lugar absoluto para outro absoluto": voltamos, portanto, ao impasse, já que a existência de um corpo e de um lugar absoluto (a expressão "absoluto" no singular obriga-nos a inferir que somente o lugar possui essa condição e não o corpo) implica entendermos que o que se move é somente o corpo já que ele se dirige para "outro absoluto" e, portanto, não poderá ser o mesmo "lugar" do ponto de partida.

- "Ao passo que o relativo é a translação de um lugar relativo para outro relativo": as inferências em relação ao movimento relativo, por serem as mesmas que as anteriores, não nos permitem identificar claramente a diferença entre os dois tipos de movimento e, creio, é por isso mesmo que Newton parte para o desenvolvimento de exemplos como um recurso para o esclarecimento do conceito.
- Assim, Newton retoma o navio de Galileu e, para exemplificar os movimentos, refere-se, primeiramente, a lugar relativo, descanso relativo e descanso verdadeiro, referindo-se o primeiro à parte do navio em que o corpo se encontra (logo, move-se junto com o navio), o segundo refere-se à imobilidade do corpo em relação ao navio e, o terceiro, a um corpo externo ao navio já que não acompanhará o seu movimento.
- Na continuidade, compreenderemos a diferença entre o movimento absoluto e o relativo: o primeiro é, na verdade, a soma total dos movimentos, enquanto o segundo é somente uma das variáveis em jogo. Em relação ao movimento, portanto, o raciocínio permite-nos compreender melhor as ideias de lugar e espaço, em que absoluto e relativo formam o jogo conceitual determinado pela parte e pelo todo.

> O tempo absoluto distingue-se do relativo na astronomia pela equação do tempo vulgar. De fato, os dias naturais, que vulgarmente se consideram iguais para medida do tempo, são desiguais. Essa desigualdade é corrigida pelos astrônomos, para medirem os movimentos celestes por meio de um tempo mais verdadeiro. Pode muito bem ser que não haja movimento algum, que seja igual, para medir o tempo com exatidão. Todos os movimentos podem acelerar-se e retardar-se, mas o fluxo do tempo absoluto não se pode mudar. A duração ou perseverança da existência das coisas é a mesma, quer os movimentos sejam rápidos, quer lentos, ou até nulos; portanto, ela [a duração] se distingue, devidamente, das suas medidas sensíveis e das mesmas se deduz por meio de uma equação astronômica. A necessidade, porém, dessa equação para determinar os fenômenos impõe-se tanto pela experiência do relógio oscilatório [pendular], como também pelos eclipses dos satélites de Júpiter. (p.15)

Terminada a primeira tentativa de conceituar o que já era "conhecidíssimo de todos", Newton não pareceu muito satisfeito e retomou a discussão do princípio, só que, agora, com o objetivo mais explícito de aplicação do que, propriamente, de desenvolvimento conceitual.

- A distinção entre tempo absoluto e tempo relativo, que, num primeiro momento estava dada pela total alienação do primeiro em relação ao segundo, surge agora enquanto uma distinção do processo de identificação. O tempo relativo é o que observamos pelos movimentos de rotação e translação, que nos parecem sempre iguais.[5] Tal igualdade, no entanto, é um puro e simples engano que só pode ser corrigido pelos astrônomos e suas equações matemáticas, ou pelos cronômetros.

- Fica portanto a possibilidade, com base na observação fenomênica, de marcar-se somente a cadência do tempo absoluto (aquele que, neste caso, tem a característica da precisão matemática), já que o todo é infinito, isto é, mesmo sendo o tempo absoluto a soma de todas as suas partes matematicamente identificadas, e considerando que há, sempre, um tempo por vir, não há possibilidade de obter-se sua magnitude total. O problema, mais uma vez, é com o vulgo que imagina que tempos desiguais são iguais.

> Assim como a ordem das partes do tempo é imutável, também o é a ordem das partes do espaço. Na hipótese de se moverem de seus lugares essas partes, também se moveriam de si mesmas (como diríamos), pois os tempos e os espaços são como que os lugares de si mesmo e de todas as coisas. Estas localizam-se no tempo quanto à ordem da sucessão, e no espaço quanto à ordem da situação. Da essência deles é serem lugares, e é absurdo que os lugares primários se movem. Eis, portanto, os lugares absolutos, e só as translações desses lugares são movimentos absolutos. Contudo, como essas partes do espaço não podem ser vistas e distinguidas uma das outras por nossos sentidos, usamos em lugar delas medidas sensíveis. Com efeito, definimos todos os lugares pelas posições e distâncias das coisas em relação a um determinado corpo, que consideramos como imóvel; a seguir também calculamos todos os movimentos relativamente a esses lugares, enquanto concebemos os corpos como transferidos destes. É assim que empregamos em vez dos lugares e movimentos absolutos e relativos, sem nenhum inconveniente na vida comum; na filosofia, entre-

---

5 A pressuposição newtoniana de que o vulgo considera o tempo desigual sempre igual é, efetivamente, uma conjetura sem nenhum fundamento antropológico. Voltarei ao tema quando da discussão sobre a noção de tempo em Kant.

tanto, devemos fazer abstração dos sentidos. Pode, na realidade, acontecer que nenhum corpo, ao qual os lugares e movimentos se refiram, esteja de fato parado. (p.15-6)

Para que possamos terminar nossa discussão sobre as definições, estou retomando somente a segunda abordagem de Newton a respeito de espaço, na qual observaremos o seguinte:

- A afirmação de que a ordem das partes do espaço (situação) é imutável e é de sua essência o fato de serem lugares (absolutos) corrige algumas inferências que fiz anteriormente, mas torna alguns trechos de parágrafos precedentes "absolutamente" incompreensíveis já que a imprecisão da linguagem é mais que evidente.
- O que fica, de forma conclusiva, é a impossibilidade de detectarmos as "partes do espaço absoluto" e, tal como em relação ao tempo, as medições só podem ser feitas como inferência das relações fenomênicas, o que acaba criando uma nova dicotomia: o fato de que as medições são feitas usando-se os movimentos relativos mas, na filosofia, temos de abstrair os sentidos. Esta é, na verdade, a chave para o entendimento do confuso texto newtoniano já que entre a observação prática (o que não traz "inconvenientes na vida comum") e a reflexão filosófica há efetivamente um vazio intransponível, determinado pela contraposição entre conveniência/possibilidade e verdade.

Nossas reflexões, no entanto, não poderão parar por aqui, até mesmo porque os conceitos de espaço e tempo absolutos e relativos, mesmo que constatados, não se explicam por si. A dicotomia entre a prática científica e a filosofia coloca-nos diante de um outro tipo de questionamento que poderia ser resumido nos seguintes termos: por que, então, Newton não abre mão do absoluto já que é, justamente, esse contraponto que coloca em jogo toda a possibilidade operacional que a tentativa de entender a natureza matematicamente implica e que, sem dúvida, ele busca encontrar?

Para que possamos continuar nosso percurso, vamos deixar de lado o livro II dos *Princípios*, já que é nele que Newton trata das três leis básicas de sua Física[6] e o fato de elas terem uma formulação claramente

---

6 Szamosi (1988), afirma que "Galileu e Newton ... consideraram o movimento uniforme em linha reta (chamado movimento inercial) como um estado tão natural ao corpo quanto o repouso ... Foi precisamente essa lei da inércia que exigiu, de acordo com Newton, que o

matemática é amplamente conhecido. Vamos, portanto, às hipóteses formuladas no livro III:

> Hipótese I: Não se hão de admitir mais causas das coisas naturais do que as que sejam verdadeiras e, ao mesmo tempo, batem para explicar os fenômenos de tudo.
> A natureza, com efeito, é simples e não se serve ao luxo de causas supérfluas.
> Hipótese II: Logo, os efeitos naturais da mesma espécie têm as mesmas causas.
> Hipótese III: Todo corpo pode transformar-se num corpo de qualquer outra espécie e adquirir sucessivamente todos os graus intermediários das qualidades.
> Hipótese IV: O centro do sistema do mundo está em repouso. (p.24)

Aqui temos os pressupostos que garantem todo o corpo de afirmações anteriores. Newton retoma, em primeiro lugar, o que já vinha sendo afirmado enfaticamente desde Copérnico: a simplicidade da Natureza e como isso induz uma relação simples e direta entre causa e efeito. A importância dessas hipóteses pode ser identificada da seguinte maneira:

- A simplicidade da natureza é, de fato, a condição de sua matematização;
- A relação entre causa e efeito é, por sua vez, a condição da generalização conceitual;
- Assim, para o entendimento da natureza, a postura inicial do sujeito deverá ser, sempre, a de eliminar o que ele considera como causas secundárias, realçando somente as primárias, e estas, por sua vez, são aquelas que podem ser mensuráveis, isto é, quantificáveis;
- Entretanto, encontrada a causa primária e sendo esta transformada numa equação teremos como resultante a "Lei",[7] isto é, a formulação

---

espaço fosse absoluto; o espaço absoluto era necessário porque a lei exigia um sistema de referência absoluto. Pois, se um corpo devia continuar movendo-se para sempre em linha reta e com velocidade uniforme, então devia existir alguma coisa que determinasse o que era uniforme e o que era reto. Em outras palavras, devia haver uma propriedade fundamental da natureza referente a que o movimento devia ser uniforme e retilínio. Essa propriedade fundamental, de acordo com Newton, era o próprio espaço, que incluía, explícita ou implicitamente, um sistema de referência absoluto" (p.137)

7 Hübner (1993) afirma que: "Com a afirmação de que as leis físicas existem, intenta-se dizer que elas exprimem uma constituição universal da natureza, que a natureza é efetivamente construída segundo tais leis. Estas leis devem, pois, valer sempre, mesmo no futu-

sintética que nos permite entender o mundo ou, em outras palavras, se a relação entre causa e efeito não fosse simples e direta a ideia de Lei seria absurda e a física newtoniana simplesmente não existiria.

Resta, no entanto, mais um vazio ainda a ser preenchido. Se, num primeiro momento, identificamos as dificuldades impostas pela noção de "absoluto", agora deparamos com o problema da simplicidade e, consequentemente, com o da relação causa/efeito. Newton percebe esta carência, já que ele mesmo não pode assumir, solitariamente, que a natureza seja simples ou complexa, absoluta ou relativa, como uma resultante de seus desejos pessoais, e é responder a tais objeções o objetivo do escólio geral que segue às hipóteses:

> Os seis planetas primários são revolucionados em torno do Sol em círculos concêntricos ao Sol, com movimentos dirigidos em direção às mesmas partes e quase no mesmo plano. Dez luas são revolucionadas em torno da Terra, Júpiter e Saturno, em círculos concêntricos a eles, com a mesma direção de movimento e quase nos planos das órbitas desses planetas; mas não se deve conceber que simples causas mecânicas poderiam dar origem a tantos movimentos regulares, desde que os cometas erram em todas as partes dos céus em órbitas bastante excêntricas; pois por essa espécie de movimento eles passam facilmente pelas órbitas dos planetas e com grande rapidez; e em seus apogeus, onde eles se movem com o mínimo de velocidade e são detidos o máximo de tempo, eles recuam às distâncias máximas entre si e sofrem, portanto, a perturbação mínima de suas atrações mútuas. Este magnífico sistema do Sol, planetas e cometas poderia somente proceder do conselho e domínio de um Ser inteligente e poderoso. E, se as estrelas fixas são os centros de outros sistemas similares, estes, sendo formados pelo mesmo conselho sábio, devem estar todos sujeitos ao domínio de Alguém; especialmente visto que a luz das estrelas fixas é da mesma natureza que a luz do sol e que a luz passa de cada siste-

---

ro; com efeito só então são efetivamente leis ... Tornou-se assim claro que tanto a existência como o conteúdo das leis da natureza não são de modo algum factos empiricamente dados, e que nós não encontramos simplesmente estas leis na natureza, mas que manifestamente, num certo sentido, as levamos à natureza, as introduzimos nela. Mas se, além disso, afirmamos que elas existiam em si, na natureza, que existiria por assim dizer uma harmonia preestabelecida entre o que nós a ela levamos e o que nela verdadeiramente existe, então devemos cair na conta de que uma tal afirmação não se pode fundamentar. Exprime antes uma fé" (p.14-5).

ma para todos os outros sistemas: e para que os sistemas das estrelas fixas não caiam, devido a sua gravidade, uns sobre os outros, ele colocou esses sistemas a imensas distâncias entre si.

Esse Ser governa todas as coisas, não como a alma do mundo, mas como Senhor de tudo; e por causa de seu domínio costuma-se chamá-lo *Senhor Deus Pantokrátor*, ou *Soberano Universal*; pois Deus é uma palavra relativa e tem uma referência a servidores; e *Deidade* é o domínio de Deus não sobre seu próprio corpo, como imaginam aqueles que supõem Deus ser a alma do mundo, mas sobre os serventes. O Deus supremo é um Ser eterno, infinito, absolutamente perfeito; mas um ser, mesmo que perfeito, sem domínio, não pode dizer-se ser Senhor Deus ... A palavra *Deus* comumente significa Senhor; mas nem todo senhor é um Deus. É o domínio de um ser espiritual que constitui um Deus: um domínio verdadeiro, supremo ou imaginário. E de seu domínio verdadeiro segue-se que o Deus verdadeiro é um Ser vivente, inteligente e poderoso; e, de suas perfeições, que ele é supremo ou o mais perfeito. Ele é eterno e infinito, onipotente e onisciente; isto é, sua duração se estende da eternidade à eternidade; sua presença do infinito ao infinito; ele governa todas as coisas e conhece todas as coisas que são ou podem ser feitas. Ele não é eternidade e infinitude, mas eterno e infinito; ele não é duração ou espaço, mas ele dura e está presente. Ele dura para sempre, e está presente em todos os lugares; e, por existir sempre e em todos os lugares, ele constitui a duração e o espaço. Desde que toda partícula de espaço é sempre, e todo momento indivisível de duração está em todos os lugares, certamente o Criador e o Senhor de todas as coisas não pode ser nunca e estar em nenhum lugar. (p.25-6)

Uma citação tão longa mereceria comentários ainda maiores. Aqui, no entanto, serei comedido, já que o texto parece deixar claro a maior parte das suas intenções. Creio que é mais que suficiente ressaltar que também Newton chega à ideia de Deus por identificar uma racionalidade no fenomênico (uma matemática) e, tal como seus antecessores, não admite que algo tão grandioso quanto a divindade poderia criar algo relativo, vulgar e simplesmente aparente. O significado geral da obra divina deve, portanto, ser absoluto, matemático e verdadeiro já que esta é, em última análise, a característica do Criador.

Criador e Criatura estão, aqui, como causa e efeito último (ou primeiro?) e, portanto, deslocam-se para o campo da filosofia, mas, se nos relacionamos com a Criatura pela via dos sentidos, o caminho já havia sido dado por Descartes: a linguagem da simplicidade (e, portanto, da perfeição, da Lei), ou seja, a matemática é a condição de certeza.

É este conjunto de pressupostos que permitirá a Newton fazer a seguinte afirmação:

> Esses princípios (massa, gravidade, coesão etc.) não os considero como qualidades ocultas, supostamente resultantes das formas específicas das coisas, mas como leis gerais da natureza, pelas quais as próprias coisas são formadas; uma vez que sua verdade nos aparece pelos fenômenos, embora suas causas não tenham sido ainda descobertas; pois essas são qualidades manifestas, e somente suas causas são ocultas ... Dizer-nos que toda espécie de coisas é dotada de uma específica qualidade oculta, pela qual atua e produz efeitos manifestos, é dizer-nos nada. *Mas inferir dos fenômenos dois ou três princípios gerais de movimento, e posteriormente dizer-nos como as propriedades e ações de todas as coisas corpóreas decorrem daqueles princípios manifestos, seria um grande passo em filosofia, embora as causas daqueles princípios não fossem ainda descobertas*; e, portanto, eu não ouso propor os princípios de movimento acima mencionados, por serem de extensão muito geral e por deixarem as suas causas por descobrir. (Newton, apud Burtt, 1991, p.177)

Em linhas gerais, creio que esta seja, de fato, a grande luz newtoniana. Um longo (secular) processo de construção do pensamento permite a Newton sistematizar um conceito de Natureza (*physis*) e nele subsumir toda a leitura possível do mundo. Com certeza, existem dificuldades que poderiam (e algumas, efetivamente, foram) ter sido realçadas naquela época. Mas Newton transformou-se no senso comum, não pela sua concepção de Deus ou por este ou aquele detalhe das relações entre absoluto e relativo, causa e efeito etc. Ocorreu, na verdade, um redimensionamento da relação entre o *res-extensa* e o *res-cogito* cartesiano, levando para o plano da filosofia as discussões "não científicas", cujo fundamento se encontrava na necessidade de desenvolver um discurso justificador da operacionalidade dada pela razão matemática.

Newton deu legitimidade à noção de Lei e é, efetivamente, essa noção que se tornará a condição prévia para que qualquer discurso científico seja considerado científico. O reducionismo newtoniano será a imposição prévia, o paradigma por excelência e este talvez tenha sido o problema de seus críticos:[8] tiveram de assegurar o essencial para atingir elementos absolutamente periféricos de um discurso que se tornou hegemônico.

---

8 É, ainda, Burtt (1991) quem afirma: "A teologia de Newton recebeu, na geração seguinte, severos golpes nas mãos de Hume e dos radicais franceses; algum tempo depois, pela aguda

5.3 Kant: o puro e o prático (impuro?)

Imannuel Kant é o último autor a ser discutido em toda esta caminhada. As razões para isso são muitas e, dentre elas, a própria monumentalidade da obra desse autor e sua influência no pensamento científico até os nossos dias já seriam justificativas mais que válidas, ainda que óbvias.

Minha escolha, no entanto, possui outras determinações e devo buscá-las no próprio objetivo do presente trabalho. O título com o qual o "batizei" aponta para o fato de que essas reflexões têm um objetivo e, por isso mesmo, um limite. A ideia de traçar algumas leituras em busca do processo de construção de nossa maneira de ver o "espaço" está fundada nos limites do próprio processo de construção de uma classe social específica – a burguesia. Esse compromisso, com tudo o que ele pode conter, tomou aqui o rumo do diálogo com textos e mapas que, mesmo vinculados à leitura explícita da espacialidade e, portanto, de alguma maneira vinculado à tradição geográfica, antecede a institucionalização acadêmica desse campo do conhecimento.

Assim, Kant, para os limites que nos impusemos desde o princípio, é o fim de uma época e, portanto, o início de outra. Com ele, e veremos isso mais adiante, e com sua época, termina definitivamente o período de amadurecimento do modo de produção capitalista e consolida-se a indústria fabril como o modelo acabado de mundo. É ele, também, quem dá a formatação final às perspectivas newtonianas, eliminando delas as incoerências, fornecendo-lhes a base filosófica necessária para que seus objetivos primeiros sobrevivessem até os nossos dias, e, por fim, Kant é a marca da institucionalização do discurso geográfico enquanto tal.[9]

---

análise de Kant. Suas razões científicas também oferecidas para a existência de Deus não mais parecem convincentes após as brilhantes descobertas de investigadores subsequentes, como Laplace. O resto da nova metafísica, todavia, mais desenvolvida em suas mãos, passou, com suas explorações científicas, para a corrente geral de opinião inteligente da Europa; foi aceita sem discussão, porque insinuava, sem argumentos defensivos, e, tomando emprestado uma não questionada certeza da clara demonstrabilidade dos teoremas mecânicos ou ópticos aos quais estava ligada, tornou-se o cenário permanente para todos os desenvolvimentos adicionais importantes na ciência e filosofia. Realizações magníficas, irrefutáveis, conferiram a Newton uma autoridade sobre o mundo moderno, que, sentindo ter-se livrado da metafísica através de Newton, o positivista, tornou-se acorrentado e controlado por uma metafísica muito mais definida através do Newton, o metafísico" (p.182-3).

9 Kant, tal como é comumente lembrado em suas biografias, ministrava cursos de geografia durante as férias escolares na Universidade de Königsberg, onde era professor de Filosofia.

A reinvenção do espaço

Discutir o desenvolvimento do conceito de espaço, depois de Kant, seria um outro trabalho, que exigiria um outro tipo de abordagem e um diálogo intenso com aqueles que, hoje em dia, chamamos de geógrafos: os que tiveram formação acadêmica para isso.

Kant é a síntese maior da vertente hegemônica do pensamento burguês,[10] e sua influência sobre todos os campos do conhecimento científico – e, particularmente sobre a geografia – é inegável. É exatamente por isso que ele aparece neste trabalho como o último representante de uma série de gerações de gigantes.

Os focos principais de toda a discussão que se seguirá estarão apoiados nas primeiras páginas da *Crítica da razão pura* (Kant, 1989) – a Estética Transcendental –, justamente quando Kant coloca os primeiros movimentos de todo o seu "sistema", e, mais adiante, teremos a oportunidade de discutir, rapidamente, sua introdução à *Descrição física da Terra* (Kant, 1923), na qual o autor identifica sua concepção de geografia.

> Sejam quais forem o modo e os meios pelos quais um conhecimento se possa referir a objetos, é pela intuição que se relaciona imediatamente com estes e ela é o fim para o qual tende, como meio, todo o pensamento. Esta intuição, porém, apenas se verifica na medida em que o objeto nos for dado; o que, por sua vez, só é possível, [pelo menos para nós homens,] se o objeto afetar o espírito de certa maneira. A capacidade de receber representações (receptividade), graças à maneira como somos afetados pelos objetos, denomina-se *sensibilidade*. Por intermédio, pois, da sensibilidade são-nos *dados* objetos e só ela nos fornece *intuições*; mas é o entendimento que pensa esses objetos e é dele que provêm conceitos. Contudo, o pensamento tem sempre que referir-se, finalmente, a intuições, quer diretamente (*directe*), quer por rodeios (*indirecte*) [mediante certos caracteres] e, por conseguinte, no que respeita a nós, por via da sensibilidade, porque de outro modo nenhum objeto nos pode ser dado. (p.61)

A Estética Transcendental é iniciada colocando em evidência três categorias fundamentais: intuição, sensibilidade e entendimento, e o objetivo geral deste primeiro parágrafo é parametrizar o processo de construção

---

10 Não há como duvidar do papel de Hegel nesse processo. Creio, no entanto, que Hegel deveria ser o primeiro autor para se discutir o período pós-kantiano e não o último dentro da lógica geral que segui até aqui.

do conhecimento ou, em outras palavras, a forma pela qual o sujeito relaciona-se com o objeto.

O ponto de partida kantiano justifica-se plenamente, pois seu objetivo é traçar a crítica (colocar em evidência, explicitar, definir critérios) da razão.[11] Entretanto, o ato da crítica justifica-se na medida em que, para Kant, o pensamento filosófico/científico construído até sua época teria um amplo conjunto de "vazios conceituais" e operacionais que impediam a precisão, tendendo à confusão e aos mal-entendidos.

Assim teremos, esquematicamente, o seguinte: objeto⇔sujeito (sensibilidade⇔intuição⇔conceito), isto é, o sujeito ao se relacionar com o objeto o faz pela via da sensibilidade e, com base nela, intui o que é o objeto para depois construí-lo mentalmente, na forma de conceito.

> O efeito de um objeto sobre a capacidade representativa, na medida em que por ele somos afetados, é a sensação. A intuição que se relaciona com os objetos, por meio da sensação, chama-se *empírica*. O objeto indeterminado de uma intuição empírica chama-se *fenômeno*.
>
> Dou o nome de *matéria* ao que no fenômeno corresponde à sensação; ao que, porém, possibilita que o diverso do fenômeno possa ser ordenado segundo determinadas relações, dou o nome de forma do fenômeno. Uma vez que aquilo, no qual as sensações unicamente se podem ordenar e adquirir determinada forma, não pode, por sua vez, ser sensação, segue-se que, se a matéria de todos os fenômenos nos é dada somente a *posteriori*, a sua forma deve encontrar-se a *priori* no espírito, pronta a aplicar-se a ela e portanto tem que poder ser considerada independentemente de qualquer sensação. (Kant, 1989, p.61-2.)

Kant coloca, aqui, uma variável – a intuição empírica –, e seu objeto – o fenômeno –, para a seguir diferenciar matéria de forma, e a primeira

---

11 Hegel (1985) afirma que: "A filosofia de Kant se chama também filosofia crítica, na medida em que se propõe como fim, nos diz seu autor, ser uma crítica da faculdade do conhecimento; antes do conhecimento é necessário investigar, com efeito, a capacidade para conhecer. Isto é algo muito plausível para o sentido comum e um verdadeiro achado para ele. O conhecimento é apresentado assim, como um instrumento, como uma maneira que temos de nos apoderarmos da verdade; portanto, antes de ir até a verdade mesma, deveremos conhecer a natureza e a função de seu instrumento. Deveremos ver se este é capaz de produzir o que dele se exige, que é o captar o objeto; deveremos saber o que é que o faz se transformar no objeto, para que não confundamos essas transformações com as determinações do objeto mesmo" (p.421, T. A.).

representa o que é captado pela sensação e a segunda, não. No meu entender, esse é o momento crucial de todo o texto, já que, nessa espécie de glossário que dá início à *Estética*, é nesse ponto que Kant identifica uma ruptura qualitativa da relação sujeito-objeto. A separação entre matéria e forma permite ao autor também separar a sensação empírica daquele conhecimento que não está no plano do sensório mas, sim, *a priori* no do "espírito". Dessa forma, dois são os caminhos que nos permitem o conhecimento:

- um, *a posteriori*, determinado pela relação entre o objeto e a sensação empírica;
- outro, *a priori*, que independe de qualquer relação do sujeito com o fenômeno, mas que se encontra na forma de intuição pura (ver a citação seguinte).[12]

> Chamo *puras* (no sentido transcendental) todas as representações em que nada se encontra que pertença à sensação. Por consequência, deverá encontrar-se absolutamente *a priori* no espírito a forma pura das intuições sensíveis em geral, na qual todo o diverso dos fenômenos se intui em determinadas condições. Essa forma pura da sensibilidade chamar-se-á também *intuição pura*. Assim, quando separo da representação de um corpo o que o entendimento pensa dele, como seja substância, força, divisibilidade, etc., e igualmente o que pertence à sensação, como seja impenetrabilidade, dureza, cor etc., algo me resta ainda dessa intuição empírica: a extensão e

---

12 "Kant parte da suposição de que nós devemos pensar as múltiplas e desconexas representações, que enchem a nossa consciência, como postas necessariamente numa possível relação permanente. Com efeito, só quando elas se encontram em semelhante possível relação é que podem pertencer à unidade de uma autoconsciência. Assim, na nossa própria consciência, pulsa sempre, de um modo intuitivo e mais ou menos temático, a representação de um horizonte mundano, universal e interconexo, no qual ordenamos todas as coisas. Mas estas conexões não nos são dadas realmente e na experiência na sua totalidade. Devem ser pensadas por um eu, que se entende a si mesmo como unidade, como possíveis só em linha de princípio, e, portanto, pressupõem-se *a priori*. Ora o empreendimento de Kant é descobrir as conexões que devem pressupor-se *a priori*, pelas quais, como ele diz, a consciência se constitui como unidade. A este respeito, Kant chega ao resultado de que a estas conexões *a priori* deve, entre outras, pertencer o nexo das representações de eventos segundo o princípio da causalidade. Este princípio, se deixarmos aqui de lado algumas dificuldades não relevantes, diz em síntese o seguinte: para todo o evento, há uma explicação causal de modo que ele deve pensar-se como derivado de acontecimentos precedentes segundo uma regra universal" (Hübner, 1993, p.15). O vínculo entre as afirmações de Hübner e a tradição newtoniana é evidente.

a figura. Estas pertencem à intuição pura, que se verifica *a priori* no espírito, mesmo independentemente de um objeto real dos sentidos ou da sensação, como simples forma da sensibilidade. (Kant, 1989, p.62)

O novo vocábulo do "glossário" é *puras*! É ele, na verdade, que permitirá ao pensamento kantiano realizar-se. Trata-se, como se vê, de uma indução fundada na possibilidade de o homem possuir algum tipo de conhecimento independentemente da experiência ou, numa fusão das categorias até aqui explicitadas, a possibilidade da existência de uma "forma pura das intuições sensíveis em geral" ou, ainda, a intuição pura.

Kant faz, aqui, um percurso relativamente curto em relação à quantidade de palavras, mas de profundidade incomensurável se nos ativermos ao significado. Se, no parágrafo anteriormente comentado, ele pressupõe a existência de uma forma de conhecimento *a priori*, no caso presente ele define o seu nome e, mais que isso, prepara o terreno para refletir sobre o que sua indução transformou em condição *sine qua non* do processo do conhecimento. Criada a possibilidade do pensamento *a priori*, puro e, portanto, da intuição pura, resta agora construir toda a epistemologia que essa possibilidade permite e esta, por sua vez, também receberá um nome.

> Designo por *estética transcendental* uma ciência de todos os princípios da sensibilidade *a priori*. Tem que haver, pois, uma tal ciência, que constitui a primeira parte da teoria transcendental dos elementos, em contraposição à que contém os princípios do pensamento puro e que se denominará lógica transcendental.
>
> Na estética transcendental, por conseguinte, isolaremos primeiramente a sensibilidade, abstraindo de tudo o que o entendimento pensa com os seus conceitos, para que apenas reste a intuição empírica. Em segundo lugar, apartaremos ainda desta intuição tudo o que pertence à sensação para restar somente a intuição pura e simples, forma dos fenômenos, que é a única que a sensibilidade *a priori* pode fornecer. Nesta investigação se apurará que há duas formas puras da intuição sensível, como princípios do conhecimento *a priori*, a saber, o espaço e o tempo, de cujo exame nos vamos agora ocupar. (Kant, 1989, p.62-3)

Criado o problema, a possibilidade do apriorismo ou da própria razão pura, Kant também cria a solução: a *Estética transcendental*, uma ciência da sensibilidade *a priori*.

Como se vê, seu caminho difere completamente daquele percorrido por seus antecessores. Se há um problema na relação sujeito⇔objeto que poderá nos levar à identificação do papel da razão, os caminhos percorridos até aqui mostram-nos que as contradições têm, sempre, como ponto de partida a própria identidade do objeto. No caso de Kant, a questão efetivamente coloca-se no sujeito.[13]

Talvez pudéssemos afirmar aqui que, antes de Kant, Descartes já se havia preocupado com o sujeito. Isso é fato, mas não resolve a questão de que o sujeito cartesiano descobre o sujeito em função do objeto ou da impossibilidade de, através dos sentidos, chegar à certeza. Assim, construindo a dúvida hiperbólica pela rejeição do objeto, Descartes constrói um sujeito cogniscente na medida em que este identifica o ponto de partida "Penso, logo existo" e desvenda a linguagem necessária à sistematização do objeto. Kant não parte da dúvida, na verdade ele constrói uma certeza *a priori* colocada no próprio sujeito e independente de sua vontade de buscar ou não uma linguagem própria à sistematização do objeto. A dicotomia cartesiana entre corpo e alma aparecerá em Kant na contraposição entre o puro e o prático, entre o *a priori* e o *a posteriori*, entre o sensório (sensação empírica) e a possibilidade da leitura (intuição pura).

Kant, portanto, dá consistência ao sujeito, identificando-o como potência. O caos fenomênico não possui uma ordem em si mesmo (e, se possui, não conseguimos percebê-la). A ordem é um dado apriorístico do sujeito e, nessa medida, o conhecimento é igualmente uma condição do existir do sujeito. Não se trata efetivamente de qualquer tipo de conhecimento, mas os elementos e a ordem que ele realiza já são assunto para o próximo parágrafo.

> Por intermédio do sentido externo (de uma propriedade do nosso espírito) temos a representação de objetos como exteriores a nós e situados todos no espaço. É neste que a sua configuração, grandeza e relação recíproca são determinadas ou determináveis. O sentido interno, mediante o qual o espírito se intui a si mesmo ou intui também o seu estado interno, não nos dá, em verdade, nenhuma intuição da própria alma como um obje-

---

13 Voltemos a Hegel (1985): É algo assim como se quisesse agarrar a verdade com pinças e com tenazes. O que se postula é, na verdade, isto: conhecer a faculdade cogniscitiva antes de conhecer" (p.421, T. A.).

to; é todavia uma forma determinada, a única mediante a qual é possível a intuição do seu estado interno, de tal modo que tudo o que pertence às determinações internas é representado segundo relações do tempo. O tempo não pode ser intuído exteriormente, nem o espaço como se fora algo de interior. Que são então o espaço e o tempo? São eles reais? Serão apenas determinações ou mesmo relações de coisas, embora relações de espécie tal que não deixariam de subsistir entre as coisas, mesmo que não fossem intuídas? Ou serão unicamente dependentes da forma da intuição e, por conseguinte, da constituição do nosso espírito, sem a qual esses predicados não poderiam ser atribuídos a coisa alguma? Para nos elucidarmos a esse respeito vamos primeiro expor o conceito de espaço. [Entendo, porém por exposição (*expositio*) a apresentação clara (embora não pormenorizada) do que pertence a um conceito; a exposição é *metafísica* quando contém o que representa o conceito enquanto dado *a priori*.] (Kant, 1989, p.63-4)

A ordem de que fala Kant aproxima-nos imediatamente dos conceitos de espaço e tempo newtonianos, isto é, como receptáculos.

Os objetos são vistos no espaço e é justamente por isso que podemos afirmar algo sobre sua distribuição e, na continuidade, Kant vai se contrapor explicitamente a Descartes, na medida em que afirma que

O sentido interno, mediante o qual o espírito se intui a si mesmo ou intui também o seu estado interno, não nos dá, em verdade, nenhuma intuição da própria *alma* como um *objeto*; é todavia uma forma determinada, a única mediante a qual é possível a intuição do seu estado interno, de tal modo que tudo o que pertence às determinações internas é representado segundo relações do tempo. (grifos meus)

Não encontrando a alma, o que se encontra é uma razão – aquela que nos permite representar "segundo relações do tempo". A intuição pura permite-nos, portanto, ordenar o sensório segundo sua disposição externa (espaço) e interna (tempo). Mas o que serão espaço e tempo? É o que Kant, prontamente, procura responder:

1 O espaço não é um conceito empírico, extraído de experiências externas. Efetivamente, para que determinadas sensações sejam relacionadas com algo exterior a mim (isto é, com algo situado num outro lugar do espaço, diferente daquele em que me encontro) e igualmente para que as possa representar como exteriores [e a par] umas das outras, por conseguinte não só distintas, mas em distintos lugares, requere-se já o fundamento da noção de espaço. Logo, a representação de espaço não pode ser

extraída pela experiência das relações dos fenômenos externos; pelo contrário, esta experiência externa só é possível, antes de mais nada, mediante essa representação. (Kant, 1989, p.64)

A resposta não atinge, num primeiro movimento, o espaço propriamente dito, mas seu conceito. Kant afirma que a noção de espaço é um pressuposto das representações externas. Apesar disso (de o conceito de espaço não ser "extraído de experiências externas"), ele existe enquanto realidade externa, pois, no final das contas, o que identificamos é a disposição das coisas no espaço. A premissa "requere-se já o fundamento da noção de espaço" resulta na conclusão "Logo, a representação do espaço não pode ser extraída pela experiência". Claro está que Kant não explicita um dado fundamental: a conclusão só é verdadeira se, e somente se, o pressuposto for igualmente verdadeiro. Mas isso, claramente, não está colocado em questão para o autor.

> 2 O espaço é uma representação necessária, *a priori*, que fundamenta todas as intuições externas. Não se pode nunca ter uma representação de que não haja espaço, embora se possa perfeitamente pensar que não haja objetos alguns no espaço. Consideramos, por conseguinte, o espaço a condição de possibilidade dos fenômenos, não uma determinação que dependa deles; é uma representação *a priori*, que fundamenta necessariamente todos os fenômenos externos. (p.64-5)

No segundo movimento o que está em jogo é a representação e, portanto, ainda não encontraremos aqui um conceito de espaço. O fundamental é que o espaço tomará aqui sua dimensão absoluta, uma vez que pode ser representado independente da existência dos objetos. Assim, podemos imaginar que o fim da matéria não é o fim do espaço, já que este independe completamente daquela, sendo, mais explicitamente, a condição de existência da própria matéria, e, nesse sentido, Kant incorpora fielmente toda a tradição do pensamento que o antecede.

> 3 O espaço não é um conceito discursivo ou, como se diz também, um conceito universal das relações das coisas em geral, mas uma intuição pura. Porque, em primeiro lugar, só podemos ter a representação de um espaço único e, quando falamos de vários espaços, referimo-nos a partes de um só e mesmo espaço. Estas partes não podem anteceder esse espaço único, que tudo abrange, como se fossem seus elementos constituintes

(que permitissem a sua composição); pelo contrário, só podem ser pensadas nele. É essencialmente uno; a diversidade que nele se encontra e, por conseguinte, também o conceito universal de espaço em geral, assenta, em última análise, em limitações. De onde se conclui que, em relação ao espaço, o fundamento de todos os seus conceitos é uma intuição *a priori*, com uma certeza apodíctica. (p.65)

No terceiro movimento, o que se observa é um embate em torno do que o conceito de espaço não é. Pela negatividade Kant chega à positividade, isto é, à certeza apodíctica (inquestionável). Não chegamos, ainda, ao espaço propriamente dito, mas já sabemos um pouco mais sobre sua representação: a unicidade como condição da fragmentação (relação parte/todo), o que, em outras palavras, significa que a representação só pode se realizar na medida em que estabelece a condição de o espaço ser absoluto.

[4 O espaço é representado como uma grandeza infinita dada. Ora, não há dúvida que pensamos necessariamente qualquer conceito como uma representação contida numa multidão infinita de representações diferentes possíveis (como sua característica comum), por conseguinte, subsumindo-as; porém, nenhum conceito, enquanto tal, pode ser pensado como se encerrasse em si uma infinidade de representações. Todavia é assim que o espaço é pensado (pois todas as partes do espaço existem simultaneamente no espaço infinito). Portanto, a representação originária de espaço é intuição *a priori* e não conceito.]. (p.65-6.)

O quarto e último passo é, ainda, uma discussão sobre a representação, mas já não mais de espaço, e sim de "uma grandeza infinita dada". Resultado: "a representação originária do espaço é intuição *a priori*" e, portanto, toda a construção conceitual anterior só nos permitirá discutir a maneira pela qual se conceitua, mas o objeto da discussão, o espaço, não pode ser expresso na forma de conceito.

O desenrolar de todo o discurso kantiano, até aqui reproduzido, parece nos levar a uma causação circular, isto é, se a noção de espaço é anterior ao próprio conceito – está no plano da intuição –, então nada mais nos resta que constatar a impossibilidade do conceito e, portanto, do próprio conhecimento.

Não vou me estender mais. Uma leitura atenta da *Estética transcendental*, mesmo que, sem dúvida, nos enriqueça sobremaneira no entendimento do pensamento kantiano, nos levará sempre a este ponto crucial: a condição do entendimento não é, efetivamente, inteligível, ou seja, não é conceitualizável.

Como já vimos, Kant (1923) também deu aulas de geografia e é, *lato sensu*, o primeiro responsável por sua institucionalização[14] acadêmica. Verifiquemos alguns trechos de suas aulas para que possamos compreender, com base no próprio autor, a vinculação entre sua epistemologia, suas concepções de espaço e de geografia que, até hoje, muitos de nós ainda continuamos praticando.

> Nos nossos conhecimentos temos que, antes de mais nada, dirigir a nossa atenção sobre suas fontes ou suas origens, mas a seguir, também, sobre o plano de sua desordem ou sobre a forma como, pois, este conhecimento pode ser ordenado; pois senão não estaremos em condição de recordá-los em situações futuras, precisamente quando nós deles necessitarmos. Por conseguinte precisamos, ainda antes de nós próprios os obtermos, como que dividi-los em determinadas disciplinas.
>
> O que então diz respeito às fontes ou à origem dos nossos conhecimentos: assim tiramos, em suma, estes últimos, ou da razão pura ou da experiência, a qual (continua) ela própria a instruir a razão.
>
> Os conhecimentos racionais puros dá-nos a nossa razão; mas os conhecimentos experimentais ganhamos pelos sentidos. Pois agora nossos sentidos não ultrapassam o mundo: assim, nossos conhecimentos experimentais também se estendem apenas sobre o mundo atual.
>
> Assim como temos, contudo, um sentido duplo, um externo e outro interno: assim podemos, pois, considerar, conforme um e outro, o mundo como essência (ou a mais alta representação) de todos os conhecimentos experimentais. O mundo, como objeto do sentido externo, é *natureza*, mas como objeto do sentido interno, é *alma* ou homem.
>
> As experiências da natureza e do homem constituem juntos o conhecimento do mundo. O conhecimento do homem nos ensina a Antropologia, o conhecimento da natureza devemos à Geografia Física, ou à descrição da Terra... (p.156-7)[15]

---

14 A ideia de "institucionalização" tem, aqui, dois objetivos distintos:
   a) identificar os primeiros movimentos na transformação da geografia em disciplina acadêmica;
   b) evidenciar o fato de ser Kant que, ao fazê-lo, procura identificar e sistematizar um corpo teórico metodológico que dê à geografia um estatuto epistemológico específico.

15 As traduções do alemão foram feitas por Christiny Kolde e revistas pelo autor.

Assim Kant introduz seu curso de geografia e identifica o posicionamento do homem em contraposição ao posicionamento da Natureza, do mundo ou da Terra. Trata-se da contraposição entre a internalidade e a externalidade, trata-se da contraposição básica entre o sujeito que pensa a si mesmo e o sujeito que identifica sua alteridade e, efetivamente, o mundo, a natureza, é sua alteridade. Continuemos:

> A descrição física da Terra é então a primeira parte do conhecimento do mundo. Ela faz parte de uma ideia, a qual se pode chamar de preliminar ou introdutória no conhecimento do mundo ... Por conseguinte, torna-se necessário, dela se ter um domínio, como um conhecimento, o qual se pode completar pela experiência.
>
> Nós antecipamos a nossa futura experiência, a qual teremos posteriormente no mundo, por uma aula e um esboço geral desse tipo, o qual nos dá como que uma prenoção de tudo. Daquele que fez muitas viagens, diz-se que ele vive o mundo. Mas para o conhecimento do mundo é preciso mais do que apenas vê-lo. Quem quer tirar proveito de sua viagem precisa, já antecipadamente, traçar um plano para sua viagem, mas não considerar o mundo como objeto do sentido externo. (p.157)[16]

Para se viver no mundo é preciso, primeiramente, refletir sobre ele. Esta é a lição kantiana. A intelecção se faz antecipadamente, como "um plano de viagem", como a condição apriorística da experienciação. A descrição (física da Terra), portanto, é "a primeira parte do conhecimento" (do mundo) e, assim, o que tem um sentido até aqui instrumental/reflexivo que parte da experiência dada para ser a condição e o limite do próximo movimento de apropriação e hegemonização burguesas, toma um outro sentido: o de ser objeto de reflexão para uma nova reflexão, isto é, assume o caráter especulativo que caracteriza uma parte considerável do discurso acadêmico: uma espécie de ferramental neutro, cujo significado será definido pelo sujeito.

É com essa perspectiva que Kant afirma:

> O mundo é o substrato e o cenário, no qual se passa o jogo da nossa habilidade. Ele é o chão em cima do qual os conhecimentos adquiridos são aplicados. Mas a fim de que a prática possa ser feita, da qual a razão diz que

---

16 Tradução de Christiny Kolde.

deve acontecer, precisa-se conhecer a natureza do sujeito, sem a qual o primeiro se torna impossível. (p.158)[17]

O século XVIII legou-nos uma leitura do mundo e Kant a sintetiza, magistralmente, em uma única proposição: o mundo como cenário. A geografia como descrição do cenário e, nesse sentido, ela é física, nesse sentido absorve completamente o que está pressuposto na *Estética transcendental*: a noção de espaço é aquela que nos permite dar ordem à externalidade, identificando cada coisa em seu lugar.

5.4 Considerações finais

Sacrobosco, Nicolau de Cusa, Copérnico, Giordano Bruno, Maquiavel, Kepler, Galileu, Descartes, Newton e Kant. Os mapas TO, as perspectivas piramidais de Cusa, as cartas-portulano, a navegação astronômica portuguesa, a projeção de Mercator, a revolução do discurso geográfico na América, as longitudes e os mapas temáticos. As ilhas Canárias, a costa da África, a Índia, a América. A música, a pintura, a poética. A Terra no centro do Universo, o Sol no centro do Universo, o Universo sem centro. Um sujeito que representa o mundo com base no que vê e o sujeito que se desloca no interior da representação geométrica para ver o mundo, num mesmo instante, de todos os ângulos possíveis e, além disso, o sujeito que consolida o mundo como externalidade, representando-o com base na própria representação.

Um percurso longo, sangrento, poético, heroico, no qual se fundem mudanças no pensar e no sentir, no observar e no que é observado, no sentido e significado do "eu" e do "outro" tanto dos europeus quanto, concomitantemente, de todos os demais povos do planeta.

Num lento (para os parâmetros de hoje) mas seguro processo de exclusão/inclusão, ampliam-se as fronteiras do cristianismo, das línguas europeias, dos estados nacionais, da propriedade privada, do novo ritmo de trabalho: do ponto de vista da dimensão espacial, esses movimentos estruturais são o que efetivamente poderíamos chamar de globalização. É uma nova geografia que se constitui, tanto do ponto de vista do

---

17 Tradução de Christiny Kolde.

entendimento do significado de planetariedade quanto da própria prática dos percursos e estabelecimentos (os fluxos e os fixos de Milton Santos?) dos processos de produção, circulação e gestão.

Uma caravela no horizonte e está dado, tanto do ponto de vista simbólico quanto da própria prática de produção e reprodução da vida, o ponto de partida das profundas transformações paisagísticas que Beril Becker desmanchou no texto citado logo no início destas reflexões. Trata-se de uma leitura tribalista? Só se entendermos a sociedade tribal como o outro, a nossa alteridade, o alvo imediato do processo geral de subsunção do trabalho ao capital e, mesmo assim, a identidade do leitor será, sempre, nossa!

É justamente por isso que caravelas ao mar (navegar é preciso?), pepitas de ouro nos porões, paus-brasil ao chão, canas-de-açúcar ao vento, a cidade, a gestão, o escravo, o Estado... são as novas configurações geográficas *in actu* e, igualmente, no discurso.

Assim, fundem-se num mesmo processo novas terras, tecnologias, produtos, caminhos e... epistemologias. O que procurei fazer – e fica a intenção – é, evidentemente, mais que uma historiografia de um conceito, mas sua genealogia.

Uma genealogia fundada na simbiose entre o ato e a linguagem, na qual o maravilhamento que envolve o primeiro exigirá releituras e, para tanto, novos ferramentais discursivos. É nesse plano que a cartografia pode ser entendida para além de um código de linguagem, atingindo o limiar de toda uma sintaxe que subsume e é subsumida pelas necessidades dadas no processo de construção da mensagem. Identificar a cartografia é, portanto, a possibilidade de se realçar uma dimensão das nossas noções de espaço e espacialidade.

É dessa maneira que a cartografia fez parte deste trabalho. É, igualmente, dessa maneira que ela poderá ser um instrumento de entendimento, não só da espacialidade contemporânea, mas, igualmente, do que hoje entendemos por essa mesma espacialidade.

O que entendemos hoje por geografia? Trata-se de uma pergunta cuja resposta não cabe neste trabalho, já que, no meu entender, de forma irreversível, a incorporação da categoria "espaço construído" colocou a possibilidade efetiva de superação da concepção kantiana/newtoniana de espaço que marcou nosso discurso desde o século XVIII até meados do século XX, e essa transição merece – e exige – profundidade e rigor de pesquisa e de reflexão.

O que posso afirmar aqui é que, tal como o que Burtt chamou de "opinião inteligente da Europa", a fração dedicada aos estudos geográficos manteve-se, atenta e rigorosamente, procurando seu próprio estatuto de cientificidade, e não o fez sem levar em consideração o desenvolvimento geral dos discursos e reflexões que, pós Newton e Kant, foram se consolidando:

- para a física, criou-se a geografia física;
- para a biologia, criou-se a biogeografia;
- para a economia, criou-se a geografia econômica;
- para a sociologia, criou-se a geografia humana.

No contexto de um arsenal analítico que considerará o espaço enquanto representação externa *a priori*, o desenvolvimento de cada um dos fundamentos paradigmáticos explicativos da processualidade fenomênica terá seu contraponto geográfico, isto é, a construção discursiva locacional, posicionando-se como um campo do conhecimento de resultado prático evidente (e todo o discurso do colonialismo europeu na África, da consolidação das fronteiras dos Estados nacionais, do controle sobre as fontes de matéria-prima e mercados, do controle territorial da força de trabalho o provam), mas de consistência epistemológica duvidosa.

Em outras palavras, podemos afirmar que enquanto a física, a biologia, a economia e a sociologia "explicam" o fenômeno, a geografia o localiza, propondo a dúvida positivista em relação à identidade do objeto enquanto raiz da incapacidade da geografia em constituir-se como ciência, o que resulta em fragilidades conceituais como a ideia de ciência de síntese em Pierre George.[18]

Esse fato, no entanto, não está na raiz do discurso geográfico enquanto tal, e não se expressará de imediato logo após o final do século

---

18 As afirmações aqui expressas merecem, sem dúvida, uma melhor apreciação, principalmente na forma esquemática com que relacionei as chamadas "disciplinas analíticas" e a geografia. A história do pensamento geográfico nos mostra, especialmente em autores como Ratzel e Reclus, que tais vínculos não são tão diretos como minhas afirmações podem levar a crer. Considerando, no entanto, que o objetivo dessas considerações finais é de, somente, realçar o que se tornou pensamento hegemônico, creio que o esquema proposto já é um ponto de partida para a continuidade das reflexões apontadas.

XVIII. A simbiose entre geógrafos e exploradores/sistematizadores de novos territórios ainda se fará presente por todo o século XIX, o que obrigará a convivência de uma dualidade discursiva entre a geografia que se faz para e sobre a Europa e aquela que se faz sobre novos territórios (especialmente Ásia e África) para a Europa. O embate entre Ratzel e La Blache[19] é exemplo suficiente para nos mostrar que não havia, ainda, nem mesmo para a primeira condição, uma ideia hegemônica de geografia como a que se realizará no transcorrer do século XX. Entretanto, a dinâmica discursiva de um Humboldt e um Burton nos indicará a forma pela qual as preocupações geográficas efetivavam-se para aqueles que continuavam se deslocando da Europa e tinham por objetivo fornecer leituras prévias para o processo de hegemonização/colonização que ainda se realizava.

De qualquer maneira, o que se observou de comum entre as diversas correntes de pensamento foi a noção de espaço como receptáculo e, portanto, condição a priori do fenomênico. A geografia kantiana foi a vencedora, pelo menos até o final do terceiro quartel do século XX.

O espaço kantiano foi sendo cultivado muito antes do próprio Kant, mas, sem dúvida, é o pensador de Königsberg que lhe dá a formatação definitiva. Pensar a geografia que hoje conhecemos sem levar em consideração as bases em que ele a constituiu seria, no mínimo, temeroso. Mas, como já disse, isso é assunto para um outro trabalho.

---

19   Sobre o assunto, consultar artigos de Carvalho (1997a, b).

Bibliografia consultada

AGOSTINHO, Santo. *A cidade de Deus*. Petrópolis: Vozes, v.1, 1990a, e v.2, 1990b.

ARISTÓTELES. *Organon*. Lisboa: Guimarães, 1985.

_____. *Metafísica*. Barcelona: Obras Mestras, 1984.

_____ . *Fisica*. Libros I – II. Buenos Aires: Biblos, 1993.

ALVES, R. *Filosofia da ciência*. 17.ed. São Paulo: Brasiliense, 1993.

ANDRADE, A. de. *As duas faces do tempo*. São Paulo: J. Olympio, 1971.

BACHELARD, G. *A poética do espaço*. São Paulo: Martins Fontes, 1993.

_____ . *A formação do espírito científico*. Rio de Janeiro: Contraponto, 1996.

BALIBAR, F. *Einstein: uma leitura de Galileu e Newton*. Lisboa: Ed. 70, 1988.

BECKER, B. *O homem e a máquina*. Rio de Janeiro: Fundo de Cultura, 1964.

BERMAN, M. *Tudo que é sólido desmancha no ar*. São Paulo: Companhia das Letras, 1987.

BÍBLIA SAGRADA. Tradução da vulgata, Pe. Matos Soares. São Paulo: Paulinas, 1989.

BLACKBURN, R. J. *O vampiro da razão*. São Paulo: Editora UNESP, 1992.

BLOCH, E. *Sujeto-objeto*: El pensamiento de Hegel. México: Fondo de Cultura Económica, 1985.

BOURDIEU, P. *O poder simbólico*. Lisboa: Difel, 1989.

BRANCO, J. M. F. *Dialética, ciência e natureza*. Lisboa: Caminho, 1989.

BROWN, L. A. *The Story of Maps*. New York: Dover, 1979.

BRONOWSKI, J. *Introdução à atitude científica*. Lisboa: Livros Horizonte, s.d.

BRONOWSKI, J., MASLISCH, B. *A tradição intelectual do Ocidente*. Lisboa: Ed.70, 1988.

BRUNO, G. *Sobre o infinito, o universo e os mundos*. São Paulo: Abril Cultural, 1973. (Os Pensadores, v.XII).

BURTT, E. A. *As bases metafísicas da ciência moderna*. Brasília: Ed. UnB, 1991.

CAMÕES, L. *Os Lusíadas*. Parceria Antônio Maria Pereira. Lisboa: Liv. Ed., 1898.

CAPEL, H. Naturaleza y cultura; América y el nacimento de la Geografía moderna. In: *História da ciência: o mapa do conhecimento*. São Paulo: Expressão e Cultura, Edusp, 1995.

_____. Ramas en el Árbol de la Ciencia. In: Jornadas dobre "España y las expediciones científicas en América y Filipinas", II. *Actas...*, Barcelona: Doce Calles, s.d.

CAPRA, F. *O Tao da física*. São Paulo: Cultrix, 1989.

CARLOS, A. F. A. *Espaço e indústria*. Campinas: Contexto, 1988.

CARVALHO, M. de. *O que é natureza*. São Paulo: Brasiliense, 1990.

_____. Ratzel: releituras contemporâneas. Uma reabilitação? In: *Biblio 3w*; Revista Bibliográfica de Geografía y Ciencias Sociales. Disponível em: www.ub.es/geocrit/b3w-25.wtm; 1997a.

_____. Diálogos entre as ciências sociais: um Legado intelectual de Friedrich Ratzel (1844-1904). In: *Biblio 3w*; Revista Bibliográfica de Geografía y Ciencias Sociales. Disponível em: www.ub.es/geocrit/b3w-34.wtm; 1997b.

CASSETI, V. *Ambiente e apropriação do relevo*. São Paulo: Contexto, 1991.

CASSINI, P. *As filosofias da natureza*. Lisboa: Presença, 1987.

CASSIRER, E. *El problema del conocimiento*. México: Fondo de Cultura Económica, 1986. 4v.

CHANGEUX, J. P., CONNES, A. *Matéria e pensamento*. São Paulo: Editora UNESP, 1996.

COHEN, I. B. *O nascimento de uma nova física*. Lisboa: Gradiva, 1988.

CONTE, G. *Da crise do feudalismo ao nascimento do capitalismo*. Lisboa, São Paulo: Presença, Martins Fontes, 1976.

CORR A, R. L. Espaço: um conceito chave da geografia. In: CASTRO, I. E. et al. (Org.) *Geografia: conceitos e temas*. Rio de Janeiro: Bertrand Brasil, 1995.

CROSBY, A. W. *Imperialismo ecológico*. São Paulo: Companhia das Letras, 1993.

DESCARTES, R. *Discurso do método*. São Paulo: Abril Cultural, 1973. (Os Pensadores, v.XV).

_____. *Meditações*. São Paulo: Abril Cultural, 1973b. (Os Pensadores, v.XV).

_____ *Regras para a direção do espírito*. Lisboa: Ed. 70, 1989.

DREYER-EIMBCKE, O. *O descobrimento da Terra*. São Paulo: Melhoramentos, Edusp, 1992.

DURKHEIM, É. *As regras do método sociológico*. 5.ed. São Paulo: Ed. Nacional, 1968.

ELIADE, M. *História das crenças e das ideias religiosas*. Rio de Janeiro: Zahar, 1983.

ELIAS, N. *Sobre el tiempo*. México: Fondo de Cultura Económica, 1989.

ENGELS, F. *Anti-Düring*. Rio de Janeiro: Paz e Terra, 1976.

ENGELS, F. *Dialética da natureza*. Rio de Janeiro: Ed. Leitura, s.d.

ERASMO. *Elogio da loucura*. São Paulo: Abril Cultural, 1972.

ESCP. *Investigando a Terra*. São Paulo: McGraw-Hill, 1975. v.1.

ÉVORA, F. R. R. *A revolução copernicana-galileliana.* Campinas: CLE/Unicamp, 1988.

FEYERABEND, P. *Adeus à razão.* Lisboa: Ed. 70, 1991.

FRÉMONT, A. *A região, espaço vivido.* Coimbra: Almendina, 1980.

FRAASSEN, B. C. van. *Introducción a la Filosofia del Tiempo y del Espacio.* Barcelona: Labor, 1978.

GALILEI, G. *O ensaiador.* São Paulo: Abril Cultural, 1973. (Os Pensadores, v.XII).

GHINS, Michel. *A inércia e o espaço-tempo absoluto.* Campinas: Unicamp, 1991.

GOMES, H. *Reflexões sobre teoria e crítica em geografia.* Goiânia: CEGRAF/UFG, 1991.

_____. *A produção do espaço geográfico no capitalismo.* Campinas: Contexto, 1990.

GOMES, P. *Filosofia grega pré-socrática.* Lisboa: Guimarães, 1987.

GOULD, S. J. *O polegar do panda.* São Paulo: Martins Fontes, 1989.

GREENBLATT, S. *Possessões maravilhosas.* São Paulo: Edusp, 1996.

GRUPPI, L. *Tudo começou com Maquiavel.* 8.ed. Porto Alegre: L&PM, 1987.

HARRISON, E. *A escuridão da noite.* Rio de Janeiro: Zahar, 1995.

HARTSHORNE, R. *Propósitos e natureza da geografia.* São Paulo: Hucitec, 1978.

HEGEL, G. W. F. *Enciclopédia das ciências filosóficas em epítome.* Lisboa: Ed. 70, 1988, 1989, 1992. 3v.

_____. *Lecciones sobre la Historia de la Filosofía.* 3v. México: Fondo de Cultura Económica, 1985.

_____. *Lecciones sobre la Filosofía de la Historia Universal.* Madrid: Alianza, 1986.

_____. *Propedêutica filosófica.* Lisboa: Ed. 70, 1989.

_____. *Fenomenologia do espírito.* Petrópolis: Vozes, 1992. 2v.

_____. *Como o senso comum compreende a filosofia.* Rio de Janeiro: Paz e Terra, 1995.

HEIDEGGER, M. *Ser e tempo.* Petrópolis: Vozes, 1989. 2v.

HEISENBERG, W. *A parte e o todo.* Rio de Janeiro: Contraponto, 1996.

HUBERMAN, L. *História da riqueza do homem.* 3.ed. Rio de Janeiro: Zahar, 1967.

HUBNER, K. *Crítica da razão científica.* Lisboa: Ed. 70, 1993.

HUMBOLDT, A. *Quadros da natureza.* Rio de Janeiro: Jackson, 1950. 2v.

ISNARD, H. *O espaço geográfico.* Coimbra: Almedina, 1982.

JACOB, F. *O jogo dos possíveis.* Lisboa: Gradiva, 1985.

KANT, I. *Crítica da razão pura.* Lisboa: Gulbenkian, 1989.

_____. *Princípios metafísicos da ciência da natureza.* Lisboa: Ed. 70, 1990.

_____. *Kant's Werke.* Band IX. Berlin: Walter de Grunter & Co., 1923.

KHALDUN, I. *Os prolegômenos ou filosofia social.* São Paulo: Safady, 1958. 1v.

KOYRÉ, A. *Do mundo fechado ao universo infinito.* 2.ed. Rio de Janeiro: Forense-Universitária, 1986.

KUHN, T. S. *A estrutura das revoluções científicas.* São Paulo: Perspectiva, 1995.

KUPCÍK, I. *Cartes géographiques anciennes.* Paris: Gründ, 1989.

LABARRIÈRE, P.-J. *La Fenomenología del Espíritu de Hegel.* México: Fondo de Cultura Económica, 1985.

LACOSTE, Y. *A geografia: isso serve, em primeiro lugar, para fazer a guerra*. Campinas: Papirus, 1988.

LEFEBVRE, H. *Lógica formal/Lógica dialética*. Rio de Janeiro: Civ. Brasileira, 1979.

_____. *Hegel, Marx, Nietzsche*. México: Siglo Veintiuno, 1986.

_____. *La presencia y la ausencia*. México: Fondo de Cultura Económica, 1983.

_____. *Espacio y política*. Barcelona: Península, 1976.

LENIN, V. I. *Cuadernos filosóficos*. Obras Completas, tomo XLII. México: Akal, s.d.

_____. *Materialismo y empiriocriticismo*. Montevideo: Pueblos Unidos, 1948.

LIPIETZ, A. *O capital e seu espaço*. São Paulo: Nobel, 1988.

LUKÁCS, G. *A falsa e a verdadeira ontologia de Hegel*. São Paulo: Liv. Ciências Humanas, 1979.

_____. *Estética*. Barcelona: Grijalbo, 1982. 4v.

MAFFESOLI, M. *O conhecimento do cotidiano*. Ed. Vega/Univ., s.d.

MAQUIAVEL, N. *O Príncipe*. São Paulo: Abril Cultural, 1973. (Os Pensadores, v.IX).

MARQUES, A. P. *Origem e desenvolvimento da cartografia portuguesa na época dos descobrimentos*. Lisboa: Imprensa Nacional/Casa da Moeda, 1987.

MARRAMAO, G. *Poder e secularização*. São Paulo: Editora UNESP, 1995.

MARTINS, E. R. *Da geografia à ciência geográfica e o discurso lógico*. São Paulo, 1997. Tese (Doutorado) – Faculdade de Filosofia, Letras e Ciências Humanas, Universidade de São Paulo. (Mimeogr.).

MARX, K. *Manuscritos económico-filosóficos*. Lisboa: Ed. 70, 1989.

_____. *Elementos fundamentales para la crítica de la economía política*. México: Siglo Veintiuno, s.d. 3v.

MASON, S. F. *História de las ciencias*. Madrid: Alianza Ed., v.2, 1982; v.3, 1985.

MENDONZA, et al. *El pensamiento geográfico*. Madrid: Alianza, 1992.

MIGUEL, A., ZAMBONI, E. (Org.) *Representações do espaço*. Campinas: Autores Associados, 1996.

MORE, T. *A utopia*. São Paulo: Abril Cultural, 1972.

MOREIRA, R. *O círculo e a espiral*. Rio de Janeiro: Obra Aberta, 1993.

_____. *O discurso do avesso*. Rio de Janeiro: Dois Pontos, 1987.

_____. *O que é geografia*. São Paulo: Brasiliense, 1981.

_____. *Espaço: o corpo do tempo*. São Paulo, 1994. Tese (Doutorado) – Faculdade de Filosofia, Letras e Ciências Humanas, Universidade de São Paulo.

MORIN, E. *Cultura de massas no século XX* (o espírito do tempo – Neurose). Rio de Janeiro: Forense Universitária, 1977.

_____. *Ciência com consciência*. Lisboa: Europa-América, s.d.

_____. *O método*. Lisboa: Europa-América, v. I – II – III, 2.ed.; v.IV, 1.ed., s.d.

MURACHCO, H. G. O conceito de physis em Homero, Heródoto e nos pré-socráticos. *Revista Hipnos*, n.2 (Reflexões sobre a Natureza). São Paulo: Educ, 1996.

NEWTON, I. *Princípios matemáticos da filosofia natural*. São Paulo: Abril Cultural, 1974a. (Os Pensadores, v.XIX).

_____. *O peso e o equilíbrio dos fluidos*. São Paulo: Abril Cultural, 1974b. (Os Pensadores, v.XIX).

NOËL, É. (Org.) *As ciências da forma hoje*. Campinas: Papirus, 1996.

OLIVEIRA, C. *Dicionário cartográfico*. 2.ed. Rio de Janeiro: Ed. FIBGE, 1983.

OMNÈS, R. *Filosofia da ciência contemporânea*. São Paulo: Editora UNESP, 1996.

PANKOW, G. *O homem e seu espaço vivido*. Campinas: Papirus, 1988.

PATY, M. *A matéria roubada*. São Paulo: Edusp, 1995.

PÉCHEUX, M et al. *Sobre a história das ciências*. São Paulo: Mandacaru, 1989.

PESSIS-PAST., G. *Do caos à inteligência artificial*. São Paulo: Editora UNESP, 1993.

PIAGET, J. *A situação das ciências do homem no sistema das ciências*. Lisboa: Bertrand, 1976.

PLATÃO. *A República*. São Paulo: Atena, s.d.

_____. *Timeu e Crítias ou A Atlântida*. São Paulo: Hemus, s.d.

POINCARÉ, H. *O valor da ciência*. Rio de Janeiro: Contraponto, 1995.

POTTER, J. *Antique Maps*. London: Country Life Books, 1988.

QUAINI, M. *Marxismo e geografia*. Rio de Janeiro: Paz e Terra, 1979.

_____. *A construção da geografia humana*. Rio de Janeiro: Paz e Terra, 1983.

RASHED, R. Modernidade clássica e ciência árabe. In: *História da ciência*: o mapa do conhecimento. São Paulo: Expressão e Cultura, Edusp, 1995.

RAFFESTIN, C. *Por uma geografia do poder*. São Paulo: Ática, 1993.

RAMBALDI, E. Identidade/Diferença. In: *Enciclopédia Einaldi*. Lisboa: Imprensa Nacional/Casa da Moeda, 1988. v.10.

RANDLES, W. G. L. *De la tierra plana al globo terrestre*. México: Fondo de Cultura Económica, 1990.

RAIZ, E. *Cartografia geral*. Rio de Janeiro: Científica, 1969.

RAY, C. *Tempo, espaço e filosofia*. Campinas: Papirus, 1993.

RECLUS, É. *Geografia*. Org. Manuel Correia de Andrade. São Paulo: Ática, 1985.

_____. *El Hombre y la Tierra*. Barcelona: Mauecci, s.d. 6v.

ROBINSON, A. H. et al. *Elements of Carthography*. New York: John Wiley & Sons, 1995.

ROSS, J. L. S. *Geomorfologia, ambiente e planejamento*. Campinas: Contexto, 1990.

ROSSI, P. *A ciência e a filosofia dos modernos*. São Paulo: Editora UNESP, 1992.

SACROBOSCO, J. *Tratado da esfera*. São Paulo: Editora UNESP, 1991.

SANTOS, D. *Imperialismo e Estado*. São Paulo, 1991. Dissertação (Mestrado) – Faculdade de Filosofia, Letras e Ciências Humanas, Universidade de São Paulo. (Mimeogr.)

_____. *Gênesis*: reflexões em torno de uma espácio-temporalidade primordial. Mimeogr., 1995.

SANTOS, D. A tendência à desumanização dos espaços pela cultura técnica. *Cadernos Cedes*, n.39. Campinas: Papirus/CEDES, 1996.

SANTOS, D. *Tempo e espaço na sociedade globalizada*. Mimeogr., 1997.

SANTOS, M. (Org.) *Novos rumos da geografia brasileira*. São Paulo: Hucitec, 1982.

_____. *Espaço & método*. São Paulo: Nobel, 1985.

_____. *Por uma geografia nova*. São Paulo: Hucitec, 1978.

_____. *A natureza do espaço*. São Paulo: Hucitec, 1996.

SILVA, L. R. *A natureza contraditória do espaço geográfico*. Campinas: Contexto, 1991.

SMITH, N. *Desenvolvimento desigual*. Rio de Janeiro: Bertrand Brasil, 1988.

SZAMOSI, G. *Tempo & espaço*: as dimensões gêmeas. Rio de Janeiro: Zahar, 1988.

TABUCCHI, A. *Os voláteis do Beato Angélico*. Lisboa: Quental Ed., 1989.

TELMO, A. *Filosofia e kabbalah*. Lisboa: Guimarães, 1989.

THOMPSON, E. P. *Tradición, revuelta y conciencia de clase*. Barcelona: Critica, 1989.

THUILLIER, P. *De Arquimedes a Einstein*. Rio de Janeiro: Zahar, 1994.

THOMAS, K. *O homem e o mundo natural*. São Paulo: Companhia das Letras, 1988.

VV. AA. *Cadernos de história e filosofia da ciência*, Série 2, v.1, n.1. Campinas: Unicamp, 1989.

_____. *A descoberta do mundo*. São Paulo: Abril, 1971. 2v.

_____. *Georama*. Rio de Janeiro: Codex, 1967.

VIRILIO, P. *A arte do motor*. São Paulo: Estação Liberdade, 1986.

_____. *O espaço crítico*. Rio de Janeiro: Ed. 34, 1993.

_____. *Velocidade e política*. São Paulo: Estação Liberdade, 1996.

WHITEHEAD, A. N. *O conceito de natureza*. São Paulo: Martins Fontes, 1993.

WHITROW, G. J. *O tempo na história*. Rio de Janeiro: Zahar, 1993.

Anexo de figuras

FIGURA 1 – Autor desconhecido, apud: VV. AA. Georama. Rio de Janeiro: Codex, 1967. p.58-9.

A reinvenção do espaço

FIGURA 2 – Autor desconhecido, apud: KUPCÍK, Ivan. Cartes géographiques anciennes. Paris: Gründ, 1989. p.50-1.

A reinvenção do espaço

FIGURA 3 – Toscanelli, apud: VV. AA. Georama. Rio de Janeiro: Codex, 1967. p.94-5.

A reinvenção do espaço

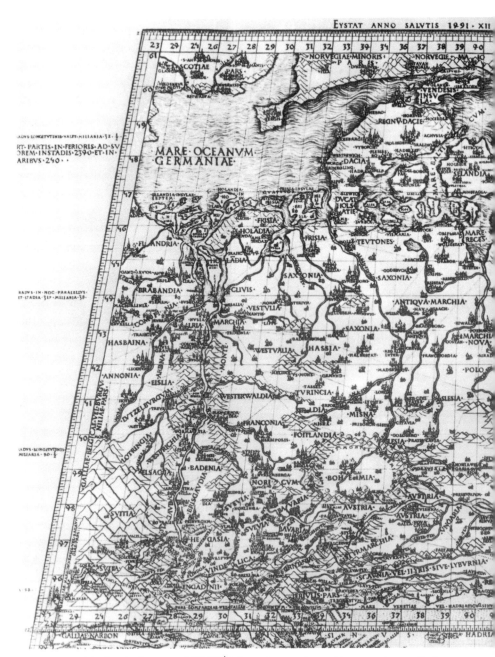

FIGURA 4 – Nicolau de Cusa, apud: KUPCÍK, Ivan. Cartes géographiques anciennes. Paris: Gründ, 1989. p.84-5.

A reinvenção do espaço

FIGURA 5 – Nicolau de Cusa, apud: POTTER, Jonathan. Antique Maps. Londres: Coutry Life Books, 1988. p.34.

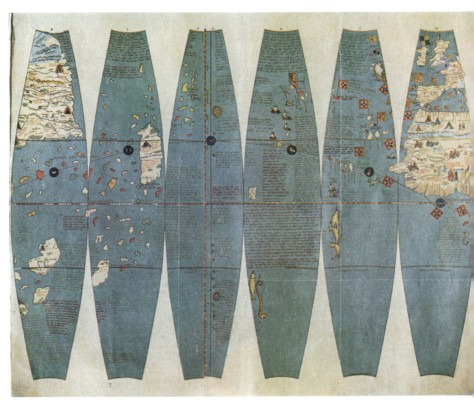

FIGURA 6 – Martin Behain, apud: VV. AA. Georama. Rio de Janeiro: Condex, 1967. p.138-9.

A reinvenção do espaço

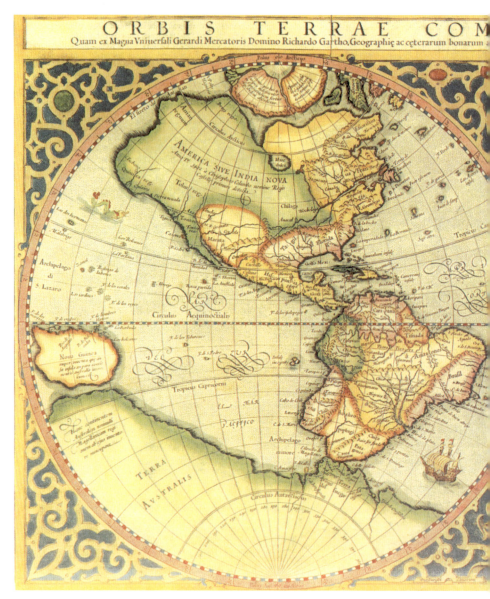

FIGURA 7 – Gerard Mercator, apud: POTTER, Jonathan. Antique Maps. Londres: Country Life Books, 1988. p.42-3.

A reinvenção do espaço

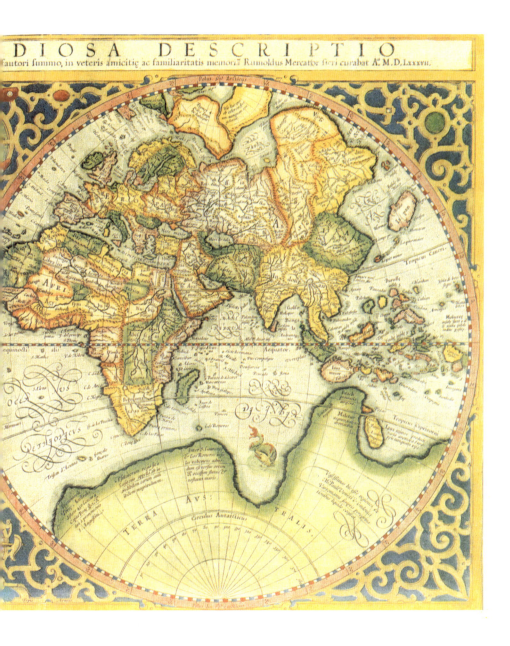

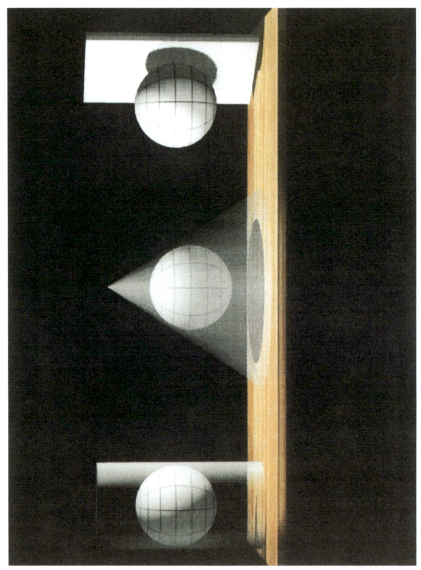

FIGURA 8 – RAISZ, Erwin. Cartografia geral. Rio de Janeiro: Ed. Científica, 1969. p.178. Reeditado pelo autor.

A reinvenção do espaço

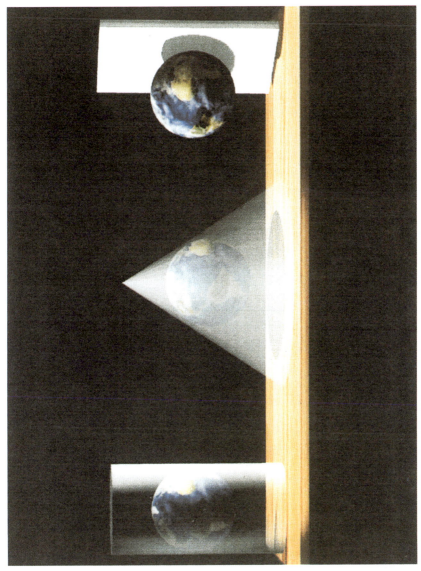

FIGURA 9 – RAISZ, Erwin. Cartografia geral. Rio de Janeiro: Ed. Científica, 1969. p.178. Reeditado pelo autor.

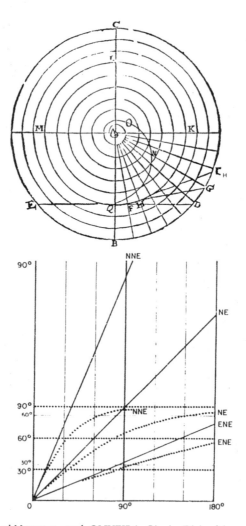

FIGURA 10 – Gerard Mercator, apud: OLIVEIRA, Cêurio. Dicionário cartográfico. 2. ed. Rio de Janeiro: Ed. FIBGE, 1983. p.545-6.

A reinvenção do espaço

FIGURA 11 – Thodore de Bry, apud: POTTER, Jonathan. Antique Maps. Londres: Country Life Books, 1988. p.168-9.

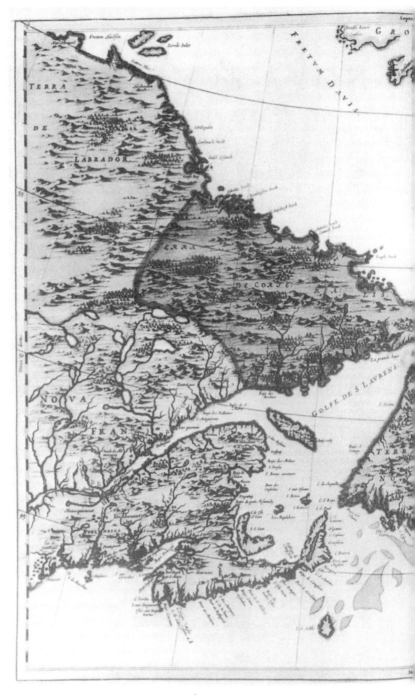

FIGURA 12 – Joan Blaeu, apud: KUPCÍK, Ivan. Cartes géographiques anciennes. Paris: Gründ, 1989. p.186.

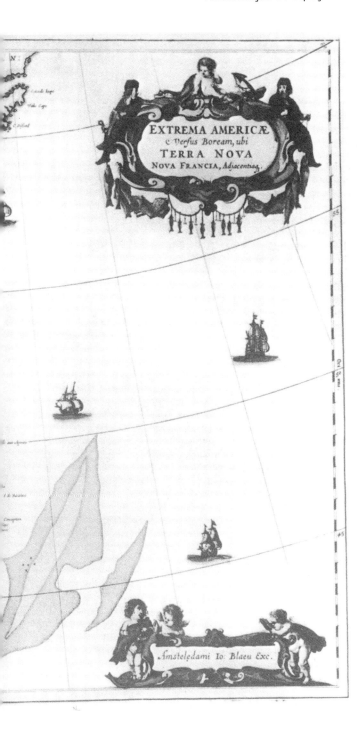

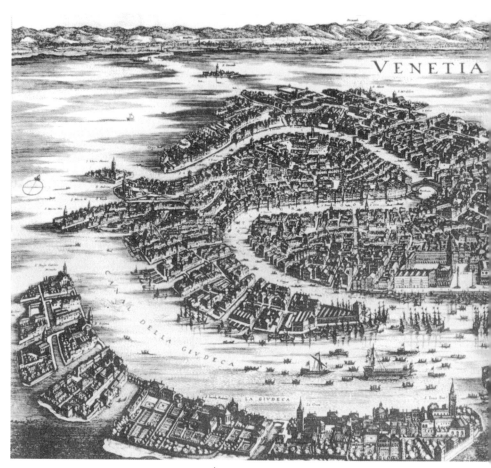

FIGURA 13 – Mathäus Merian, apud: KUPÍCK, Ivan. Cartes géographiques anciennes. Paris: Gründ, 1989. p.184-5.

A reinvenção do espaço

SOBRE O LIVRO

Formato: 16 x 23 cm
Mancha: 27,5 x 49,5 paicas
Tipologia: Iowan Old Style 10,5/15
Papel: Offset 90 g/m² (miolo)
Cartão Supremo 250 g/m² (capa)
1ª edição: 2002
3ª reimpressão: 2022

EQUIPE DE REALIZAÇÃO

Coordenação Geral
Sidnei Simonelli

Produção Gráfica
Anderson Nobara

Edição de Texto
Nelson Luís Barbosa (Assistente Editorial)
Armando Olivetti (Preparação de Original)
Renato Potenza e
Ada Santos Seles (Revisão)
Kalima Editores (Atualização Ortográfica)

Editoração Eletrônica
Lourdes Guacira da Silva Simonelli (Supervisão)
Edmílson Gonçalves (Diagramação)

Impressão e Acabamento

assahi
gráfica e editora ltda.